Материалы VIII международной научно-практической

конференции

Фундаментальные и
прикладные науки сегодня

10-11 мая 2016 г.

North Charleston, USA

Том 2

УДК 4+37+51+53+54+55+57+91+61+159.9+316+62+101+330

ББК 72

ISBN: 978-1533266828

В сборнике опубликованы материалы докладов VIII международной научно-практической конференции   " Фундаментальные и прикладные науки сегодня ".

Все статьи представлены в авторской редакции.

Содержание
Биологические науки

Исторические науки

Медицинские науки

Науки о земле

Педагогические науки

Содержание

Психологические науки

Сельскохозяйственные науки

Социологические науки

Технические науки

Содержание

Содержание

Сердюченко И.В.
доцент кафедры микробиологии, эпизоотологии и вирусологии,
кандидат ветеринарных наук
ФГБОУ ВПО Кубанский государственный аграрный университет,
г.Краснодар, serd-ira2013@yandex.ru
Свитенко О.В.
старший преподаватель кафедры разведения
сельскохозяйственных животных и зоотехнологий,
кандидат сельскохозяйственных наук
ФГБОУ ВПО Кубанский государственный аграрный университет,
г.Краснодар, o.svitenko@yandex.ru

МИКРОЭКОЛОГИЯ ПИЩЕВАРИТЕЛЬНОГО ТРАКТА МЕДОНОСНЫХ ПЧЕЛ

Исследования отечественных и зарубежных исследователей показали, что задняя часть пищеварительного тракта – средний и задний отдел кишечника с ректальной капсулой является основным местообитанием микрофлоры медоносной пчелы. При этом отмечается, что консорциум микроорганизмов с симбиотическими конкурентоспособными взаимодействиями, является неотъемлемой частью хорошо функционирующего здорового организма пчелы [1, 23; 2, 3].

Симбиотическая микрофлора желудочно-кишечного тракта взрослой медоносной пчелы состоит из аэробных и анаэробных микроорганизмов, представленных грамотрицательными, грамположительными и грамвариативными бактериями, плесенью, а также при определенных условиях дрожжами [1, 23; 2, 3; 3, 20; 14, 205; 9].

Довольно часто среди типичной микрофлоры желудочно-кишечного тракта пчелы выделяются микробы, принадлежащие к роду Lactobacillus, Bacillus и Bifidobacteria[13, 113; 4, 44] .

В ряде работ сообщается о патогенности для пчел представителей семейства энтеробактерий (Enterobacteriaceae). По данным различных авторов, причины заболеваний медоносных пчел сальмонеллезом, шигеллезом, протеозом, гафниозом, колибактериозом, цитробактериозом связаны с энтеробактериями родов: Escherichia sp., Citrobacter sp., Enterobacter sp., Hafnia sp., Salmonella sp., Klebsiella sp., которые могут обитать в кишечном тракте насекомых [4, 44; 5, 226; 7, 9] .

Было установлено, что микроценоз желудочно-кишечного тракта пчел составляют, как минимум 11 родов энтеробактерий – Klebsiella oxytoca, Providencia rettgeri, Morganella morganii, Proteus vulgaris, Hafnia alvei, Citrobacter sp., Pantoea agglomerans, Enterobacter agglomerans, Leclercia sp., Serratia sp. и Escherichia coli. Из них определенная доля бактерий входит в состав факультативной микрофлоры пчел, а некоторые являются возбудителями кишечных заболеваний. При этом количественные характеристики и видовой состав микрофлоры варьировал на протяжении всего периода зимовки [4, 44; 5, 226; 6, 2; 7, 9] .

Значительный процент молодых рабочих пчел первого поколения в условиях улья свободен от бактериальной микрофлоры, а в последующих генерациях она варьирует в зависимости от времени года и представлена 6 родами: Bacillus, Enterobacter, Escherichia, Micrococcus, Staphylococcus, Streptococcus.

В средней кишке у новорожденных пчел регистрируются грамположительные (Bacillus, Streptococcus, Staphylococcus) и грамотрицательные (Enterobacter, Escherichia, Micrococcus) бактерии. При этом тип бактериальной флоры в среднем отделе кишечника пчел первого – пятого поколений варьирует в зависимости от сезона года: весна, лето. В весенний период в кишечном микроценозе преобладают бактерии родов Enterobacter и Micrococcus. В летний период, начиная с третьего поколения пчел, наибольшая доля приходится на бактерии из родов Bacillus и Staphylococcus [4, 44; 5, 226; 6, 2; 7, 9] .

Роль медоносных растений в формировании микробиоценоза пчел, в частности, той его части, которая представлена бактериями – представителями семейства Enterobacteriaceae также имеется. Было установлено, что спектр энтеробактерий в составе микробиоценоза пчел включал 18 видов представителей 10 родов, а при исследовании микрофлоры цветков медоносных растений обнаружены 14 видов, представителей 9 родов семейства Enterobacteriaceae. При этом общими для всех исследуемых видов растений и пчел оказались бактерии родов Hafnia, Klebsiella, Citrobacter, Enterobacter и Erwinia, которые могут вызывать как заболевания самих пчел, так и быть потенциально-опасными для человека [9].

Таким образом, окружающая, медоносные пчелы и их микрофлора представляют собой единую экологическую систему, которая реагирует на любые изменения среды среда [12, 253; 8, 6; 10, 122; 11]. Под микроэкологической системой в широком смысле понимают состояние динамического равновесия, которое определяется физиологическими и иммунологическими особенностями макроорганизма, а также видовым и количественным составом микробных ассоциаций и разнообразием их биохимической активности. При нормальном физиологическом состоянии взаимоотношение организма пчелы и микрофлоры носит симбиотический характер, и флора при этом выполняет ряд положительных функций. В то же время сдвиг микрофлоры в сторону патогенных представителей может привести к заболеванию.

Литература:

1. Сердюченко, И.В. Микробиоценоз кишечного тракта медоносных пчел и его коррекция: дис. … кандидата ветеринарных наук / И.В. Сердюченко; ФГБОУ ВПО Кубанский государственный аграрный университет. – Краснодар, 2013. – 145 с. (23)

2. Сердюченко И.В. Микробиоценоз кишечного тракта медоносных пчел и его коррекция: автореферат дис. ... кандидата ветеринарных наук / Сердюченко И.В.; 06.02.02 / Кубанский государственный аграрный университет. Краснодар, 2013. (3)

3. Сердюченко, И.В. Микробиологическое состояние компонентов внутреннего содержимого пчелиного улья и поилок для пчел / И.В. Сердюченко, В.И. Терехов, С.С. Бобкин, З.Т. Калмыков // Материалы VIII международной научно-практической конференции «21 век: фундаментальная наука и технологии». Н.-и. ц. «Академический». North Charleston, SC, USA, 2016. – С. 19-21.

4. Сердюченко И.В. Влияние кормовой добавки гидрогемол на микрофлору пищеварительного тракта пчел. Известия Самарской государственной сельскохозяйственной академии. 2010. № 1. С. 43-45.

5. Сердюченко И.В. Изучение влияния кормовой добавки «Гидрогемол» на микрофлору пищеварительного тракта пчел и их медопродуктивность / Сердюченко И.В., Терехов В.И., Овсянников Д.А. Труды Кубанского государственного аграрного университета. 2012. № 36. С. 225-227.

6. Сердюченко, И.В. Динамика изменения общего количества микрофлоры на дне пчелиного улья в течение года / И.В. Сердюченко, Н.Н. Гугушвили, А.Р. Литвинова // Материалы VIII международной научно-практической конференции «Наука в современном информационном обществе». Н.-и. ц. «Академический». North Charleston, SC, USA, 2016. – С. 1-3.

7. Сердюченко И.В. Влияние кормовой добавки «Гидрогемол» на состояние кишечника пчел и медопродуктивность пчелиных семей / Сердюченко И.В., Бобкин С.С., Калмыков З.Т. В сборнике: Фундаментальная наука и технологии - перспективные разработки Материалы VII международной научно-практической конференции. н.-и. ц. «Академический». 2015. С. 7-10.

8. Литвинова А.Р. Изучение микрофлоры воздуха в различных помещениях / А.Р. Литвинова, И.В. Сердюченко, Н.Н. Гугушвили // Материалы VIII международной научно-практической конференции «Наука в современном информационном обществе». Н.-и. ц. «Академический». North Charleston, SC, USA, 2016. – С. 4-5.

9. Терехов В.И. Способ приготовления питательной среды для выделения возбудителей микозов у животных / Терехов В.И., Сердюченко И.В., Терехова О.Б., Караев Я.М.. патент на изобретение RUS 2407783 26.05.2009

10. Динамика окружающей среды и глобальные изменения климата. Сборник научных трудов / Федеральное агентство по образованию, Югорский гос. ун-т, Каф. ЮНЕСКО; отв. ред. М. В. Глаголев, Е. Д. Лапшина. Новосибирск, 2008.

11. Технология содержания пчелиных семей в течение года. Рекомендации / М-во сел. хоз-ва и продовольствия Рос. Федерации. Москва, 2003.

12. Осташенков А.П. Система теплоснабжения комплекса для контроля микроклимата пчелиных ульев. В сборнике: Актуальные проблемы энергетики АПК Материалы V Международной научно-практической конференции. Под редакцией В.А. Трушкина. 2014. С. 252-254.

13. Терехов В.И. Селективная питательная среда для выделения лактобактерий / Терехов В.И., Арушанян А.Я., Сердюченко И.В., Глущенко С.Г., Малышева Т.В. Труды Кубанского государственного аграрного университета. 2014. № 47. С. 112-114.

14. Сердюченко И.В. Микробиоценоз кишечного тракта взрослых медоносных пчел в условиях Краснодарского края / Сердюченко И.В., Терехов В.И., Овсянников Д.А. Труды Кубанского государственного аграрного университета. 2014. Т. 1. № 46. С. 204-206.

Смирнов И.Н.
кандидат исторических наук, доцент кафедры истории Таганрогского института имени А.П.Чехова (филиала) федерального государственного бюджетного образовательного учреждения высшего профессионального образования «Ростовский государственный экономический университет (РИНХ)

ДОНСКИЕ МЕЩАНЕ ВО ВТОРОЙ ПОЛОВИНЕ XIX – НАЧАЛЕ XX ВЕКА (К ИСТОРИИ ВОПРОСА)

Тема истории мещан как ведущей сословно-правовой группы городского населения в условиях формирования индустриального общества в России представляет собой многоуровневый профиль изучения. В ней пересекаются экономические, политические, культурные и социально-психологические аспекты деятельности городских обывателей. Таким образом, перед исследователем встает целый ряд научных проблем, требующих решения. Самой важной такой проблемой является проблема «социальной наполняемости» этой группы городского населения, в виду нерешенности этого вопроса в историографии и противоречивости сведений о них в исторических источниках.

Время второй половины XIX – начала XX в. было переходным периодом в истории России. Содержанием этого этапа было разрушение основ сословного и утверждение буржуазного общества. Но вряд ли в это время была возможна ситуация поступательного утверждения буржуазной жизни без сопротивления со стороны сословного уклада. Принципы нового общественного порядка не могли утвердиться быстро. Исходя из этого, можно утверждать, что общества мещан не могли молниеносно раствориться в обстановке формирующегося на Дону буржуазного уклада и потерять полностью жизненные силы. Своим существованием они доказывали, что имела место некая высшая необходимость, заставлявшая обывателей беречь сословные общества. Там, где пока еще нормы буржуазного общественного уклада не были крепкими, социальное пространство регулировалось привычным образом при помощи механизмов старой общественной системы, полагавшейся на специфику внутрисословных и межсословных отношений. В связи с этим необходимо, с одной стороны, выявить круг вопросов, при решении которых сословные общества мещан были дееспособными, возможно даже результативными, и имели место серьезные мотивы для членства людей в этих обществах. С другой стороны, крайне важно рассмотреть эффективность исполнения социальных ролей в изменяющихся условиях и историко-психологические последствия утраты сословного статуса. В обстановке трансформации кажется логичной ситуация, при которой люди начинают делиться на «своих» и «чужих». Такое бинарное строение общества наполняет жизнь противоречиями и насыщает историю страны политическими катаклизмами. Все это заставляет думать о том, как, переплетаясь между собой, объективные и субъективные факторы исторического процесса влияли на социальную идентификацию донских мещан и на их возможность в дальнейшем принимать решения во всех сферах общественной жизни.

В отечественной историографии отсутствуют работы, в которых можно было бы встретить комплексное исследование истории донских мещан. Только некоторые вопросы, касающиеся их жизнедеятельности, затрагивались в контексте истории городских сословий и формирования слоя донской буржуазии (напр., С. Номикосов [1], М.К. Шацилло [2]). Внимание историков-краеведов больше акцентировалось на истории войскового сословия донских казаков, из-за чего остались в стороне аспекты жизнедеятельности прочих групп населения области Войска Донского. В связи с этим возникает необходимость восполнить пробел в знаниях по истории сословно-правовой группы мещан, составлявших заметную (9,5% населения [3, 249]) часть донского общества и игравших главную роль в городской среде на Дону, а также иначе посмотреть на роль местного казачества и казацкой администрации края. Не исключено, что некоторые выводы, касающиеся истории донского края, заставят по-новому посмотреть на события далекого прошлого, может быть, придется даже пересмотреть некоторые оценки историков.

Малая изученность жизни донских мещан обусловливает актуальность темы. Кажется странным, что столь интересная и важная история сословно-правовой группы донских мещан не исследовалась местными историками. Следует признать это значительным упущением донского регионоведения. В виду того, что группа мещан представляла мобильную, активную часть российского общества, деятельность которой влияла на судьбы региона в течение многих лет, изучение вопросов, связанных с их жизнью, необходимо для лучшего понимания социальной истории области Войска Донского. Своеобразие Донской области должно было проявиться в истории группы мещан, оказавшихся подчиненными власти казацкой администрации. В виду этого кажется невозможным механический перенос сведений, полученных на материале других административных районов страны, для воссоздания исторической реальности обывателей донских городов. Не все выводы исследователей касательно деятельности сословно-правовой группы мещан, сделанные на материале других регионов императорской России, могут быть использованы для определения системы терминальных ценностей ведущей группы горожан донского края. В этой связи возникает уверенность в том, что мещанское сословие области Войска Донского заслуживает специального внимания и объективного исследования.

Кроме того, сегодня возникла потребность сформировать научное знание о социальной психологии мещан и других «родственных» им групп городского населения. Политически ангажированный советский взгляд на историю городских обывателей устарел. В настоящее время с развитием рыночных отношений, укреплением частнособственнических интересов он девальвировался, и требуется свежий взгляд на события, происходившие в жизни городских обывателей. Наконец, процессы столетней давности удивительным образом похожи на те, которые переживаем мы сегодня. Исходя из этого, есть необходимость рассмотреть зачатки гражданственности, истоки становления гражданского общества, которые, как известно, формировались в городской среде. Это важно сделать, чтобы сегодня не совершить ошибок и, учтя опыт предков, усилить действие тех сил, которые благоприятствуют становлению здорового общественного уклада.

Оценивая важность темы, следует сказать, что донские мещане заслуживают того, чтобы их жизнь оказалась в предметном поле исследовательской деятельности ученых. Работа в этом направлении обещает быть интересной. Захватив значительный период, в течение которого существовали донские обыватели, исследователь может выявить закономерности, фундаментального характера особенности функционирования сословно-правовой группы мещан на Дону. Беря во внимание современные подходы к исследованию различных групп населения, можно сказать, что сегодня есть возможность изучить жизнь мещан комплексно, показать их место и роль в социальной, политической, экономической и культурной истории донского региона, в том числе рассмотреть политико-правовые условия развития мещанского сословия на Дону, выявить мотивы участия областной казацкой администрации в жизни городских обывателей, а также формы государственного воздействия на их жизнедеятельность, исследовать условия социальной адаптации мещан в обстановке буржуазной модернизации в донском крае, определить жизненные ориентации и модели поведения городских обывателей, их предпочтения в сфере образования и воспитания, и в повседневной жизни (семейной, бытовой, трудовой и др.), рассмотреть специфику отношения мещан с представителями иных сословно-правовых групп населения на Дону.

Литература

1.Номикосов С. Статистическое описание области войска Донского. – Новочеркасск, 1884.
2.Шацилло *М.К.* Социальный состав буржуазии в России в конце XIX века. – М., 2004.
3.Смирнов И.Н. Политические и правовые условия развития мещанского сословия Области войска Донского на рубеже XIX – XX вв. // Международный научный альманах. Вып. 3. – Таганрог-Актюбинск, 2008.

Хайруллина Г.Р., Миникаева Л.Р.
к.м.н., доцент; ординатор 1-го года кафедры акушерства и гинекологии №2 КазанскогоГМУ

МНОГОПЛОДНАЯ БЕРЕМЕННОСТЬ – БЕРЕМЕННОСТЬ ВЫСОКОГО РИСКА

Известно, что при многоплодной беременности в полости матки развиваются 2 и более плода. Статистика показывает, что это достаточно редкое состояние, но за последние годы сформировалась тенденция к росту частоты многоплодия. Ее частота в разных странах варьирует от 0,7 до 3,0% [1, 6]. Среди причин роста указывается широкое применение вспомогательных репродуктивных технологий, таких как экстракорпоральное оплодотворение (ЭКО) и стимуляция овуляции [5, 7, 8]. Изменения в социальной сфере влияют на возраст планирования беременности женщинами в сторону его увеличения, что является дополнительным фактором риска многоплодия. Активное применение гормональных способов контрацепции также может являться причиной многоплодной беременности. Не смотря на значительное снижение числа искусственных прерываний беременности, средний паритет беременных высокий [Ошибка! Источник ссылки не найден.].

Практически каждая многоплодная беременность сопряжена с риском акушерских и перинатальных осложнений. Уровень анте- и интранатальных осложнений со стороны матери при многоплодной беременности в 2–10 раз превышает таковой у пациенток с одноплодной беременностью. Перинатальная смертность при многоплодии составляет около 12,6%, что в 10 раз выше, чем при одноплодной беременности [6]. Она увеличивается прямо пропорционально количеству плодов: 47-120 на 1000 родов у двоен, 93-203 на 1000 родов у троен, и обусловлена высокой частотой преждевременных родов, и как следствие их большое число недоношенных детей [4]. Заболеваемость детей из многоплодных беременностей, частота неврологических осложнений выше, чем при одноплодной беременности (ишемические и гипоксические повреждения центральной нервной системы в форме перивентрикулярных лейкомаляций или уплотнений и внутрижелудочковых кровоизлияний) [Ошибка! Источник ссылки не найден., Ошибка! Источник ссылки не найден.]. По данным литературы, у детей из двоен частота данных нарушений в 4 раза выше чем из одноплодной беременности [7].

Травматическое воздействие на плод тканей малого таза в процессе родов играет немаловажную роль в перинатальном исходе [3]. С целью снижения этого воздействия расширяются показания для оперативного родоразрешения при многоплодии. Частота кесарева сечения достигает 58,8% [7]. Однако, несмотря на то, что абдоминальное родоразрешение само по себе уменьшает степень интранатальной травматизации, воздействие на головку плода во время извлечения может иметь серьезные последствия. Сохранение целостности амниотических оболочек и извлечение плодов в целом плодном пузыре позволяет создать дополнительную механическую защиту во время кесарева сечения.

Цель работы: на клиническом примере триамниотической монохориальной тройни оценить перинатальные исходы при операции кесарево сечение в плодных пузырях.

Беременная З., 28 лет, поступила в ГАУЗ ГКБ№7 г. Казани с жалобами на подтекание светлых околоплодных вод с 2х часов ночи. При сборе анамнеза выяснилось: беременность 1, наступила самостоятельно, отягощен наследственный анамнез (у бабушки со стороны мужа были роды двойней, у бабушки со стороны самой беременной были роды тройней). Данная беременность протекала на фоне токсикоза в 1 триместре и анемии 1 степени во 2 и 3 триместрах. Проведено акушерско – гинекологическое исследование: регулярной родовой деятельности нет, тест положительный, сердцебиение плодов ясное, ритмичное 136-138-142 удара в минуту, родовые пути незрелые. Выставлен диагноз: «Беременность I, на сроке 29 недель. Преждевременное излитие околоплодных вод. Триамниотическая монохориальная тройня. Анемия I степени. Миопия средней степени. Аутоиммунный тиреодит. Гипотиреоз». Через 3 часа на фоне антибиотикопрофилактики и профилактики РДС плода, развилась родовая деятельность. Консилиумом врачей было решено завершить беременность операцией кесарево сечение в экстренном порядке. Показания: 1 - 1 период 1 преждевременных роды на сроке 29 недель, 2 – триамниотическая монохориальная тройня.

В 12:27 был извлечен I плод в целом плодном пузыре в головном предлежании, с весом 1220 гр., с оценкой по шкале Апгар: 4 – 6 – 6 баллов +ИВЛ. Переведен в ОРН с диагнозом: «Недоношенность 29 недель. Ребенок I из тройни. СДР I типа. Ателектазы легких». В 12:28 был извлечен II плод в головном предлежании, без оболочек, с весом – 1180гр., с оценкой по шкале Апгар: через 4 – 5 – 5 баллов +ИВЛ. Переведен в ОРН с диагнозом: «Недоношенность 29 недель. II ребенок из тройни. СДР. ДН III. Церебральная ишемия II-III степени. ВЖК II степени». В 12:29 был извлечен III плод, в поперечном положении, в целом плодном пузыре, с весом – 1200гр., с оценкой по шкале Апгар: через 1мин – 4 – 5 – 5 баллов +ИВЛ. Переведен в ОРН с диагнозом: «Недоношенность 29нед. Ребенок III из тройни. СДР I типа. Ателектазы легких». На 3 – й день жизни дети на ИВЛ, в тяжелом состоянии были переведены на 2 – й этап выхаживания, где им проведено клинико – лабораторное обследование, назначено соответствующее лечение. Надо отметить, у ребенка, который родился без оболочек, наблюдалось ИПВК III степени, в то время как у двух других – I-II степени. Далее для дальнейшего лечения дети были переведены в ОПН ДРКБ г. Казани. Здесь ребенку, родившемуся без оболочек, проводят операцию лазерокоагуляции сетчатки по поводу ретинопатии III стадии. У этого же ребенка сохраняется церебральная ишемия III степени. В декабре 2015г. все дети в удовлетворительном состоянии выписываются домой. Мы отследили судьбу детей, на тот момент им было 4 месяца и 3 недели. Вес детей: 1 – 5700гр, 2 – 4800гр, 3 – 4900гр. Все трое получают искусственное питание, хорошо развиваются, хоть и незначительно отстают от своих сверстников. На нейросонографии, проведенной в 4мес, у 1 ребенка наблюдается вентрикулодилатация, нарастающая в динамике.

Таким образом, следует помнить, многоплодная беременность — это раздел патологического акушерства, и является высоким риском и для матери, и для плодов. Еще Аристотель (384-322гг до н.э.) сказал: *«Человек, как и животное, может родить одного или нескольких детей, но создана женщина для вынашивания одного ребенка...».* Операция кесарево сечение в целом плодном пузыре является одним из методов решения этой проблемы.

Список литературы:

1. Айламазян Э.К., Кулаков В.И., Радзинский В.Е. и др. Акушерство: национальное руководство. — М. : ГЭОТАР-Медиа, 2009. — С. 329 — 331.

2. Рыбалка А.Н., Заболотнов В.А., Новицкая А.Ф. и др. Особенности течения беременности, родов, развитие плодов и состояние новорожденных в зависимости от типа хориальности при многоплодии. // Таврический мед.-биол. вестн. — 2010. — N. 51. — С. 161 — 163.

3. Фаткуллин Ф.И. Выбор метода оперативного родоразрешения при преждевременных родах. // Казанский мед. ж. — 2008. — № 5. — С. 610 — 613.6 Christopher D., Robinson B., Peaceman A. An evidence-based approach to determining route of delivery for twin gestations. // Rev Obstet Gynecol. – 2011. – Vol. 4 (3-4). – P. 109 – 116.

4. Хитров М.В., Охапкин М.Б., Ильяшенко И.Н. Методическое пособие «Многоплодная беременность». – Ярославль, 2001г.

5. Chowdhury S., Hussain M.A. Maternal complications in twin pregnancies. // Mymensingh Med. J. – 2011. – Vol. 20. – P. 83 – 87.

6. Cunningham F.G., Gant N.F., Leveno K.J. et al., eds. Multifetal pregnancy. In: Williams obstetrics, 21st edn. – N.Y. : McGraw-Hill, 2001. — P. 765 – 810.

7. Manso P., Vaz A., Taborda A., Silva I.S. [Chorionicity and perinatal complications in twin pregnancy: a 10 years case series]. // Acta Med Port. — 2011. — Vol. 24(5). — P. 695-698.

8. Zuppa AA, Alighieri G et al. Toward a bioethical issue: induced multiple pregnancies and neonatal outcomes. // Ital J Pediatr, Vol. 11, P. 36-74.

Бердешева Г.А.[1], Койшыгулова Г.У.[2], Молдашев Ж.А.[3], Қыдырова А.С.[4]

к.м.н.[1], магистр экологии[2], к.м.н., доцент[3], магистр экологии[4]

К ВОПРОСУ ВЛИЯНИЯ ТЯЖЕЛЫХ МЕТАЛЛОВ НА ЗДОРОВЬЕ НАСЕЛЕНИЯ

Деятельность человека оказывает определенное влияние на протекающие в биосфере химические процессы. В последнее время это приобрело такой резонанс, что изменение природных процессов стало сказываться на основополагающих для поддержания жизни в биосфере объектах: состоянии климата, состава атмосферы и гидросферы и прочее. Известно, что антропогенная химическая нагрузка на естественные химические процессы в биосфере обуславливает серьезные изменения на механизмы поддержания жизни на Земле. Без контроля и управления антропологической нагрузкой ход химических процессов в биосфере может быть безвозвратно нарушен. Можно утверждать, что химической составляющей биосферного ресурса, которую мы впредь будем обозначать как «химический подресурс», необходимо особое внимание.

Изучение антропогенного химического воздействия требует прежде всего глубокого знания природных химических процессов. Для многих людей понятие «химия окружающей среды» полностью ассоциируется с понятием «загрязнение». Это весьма ограниченный взгляд. Предметом изучения новой науки, получившей название «химия окружающей среды», является химизм природных процессов в условиях возрастающей антропогенной химической нагрузки.

Загрязнение стало обыденном словом, наводящим на мысли об отравленных воде, воздухе, почве. Однако на самом деле эта проблема является более сложной. Загрязнению невозможно дать простое объяснение, так как оно может включать сотни факторов, связанных с самыми разными источниками. Одно из определений звучит как «неблагоприятное изменение нашего окружения, являющееся полностью или в основном побочным результатом деятельности человека» (Б.Небел, 1994 г.) некоторые изменения такие, как загрязнение воздуха или питьевой воды, могут непосредственно влиять на здоровье и самочувствие человека. Другие чревато косвенными последствиями.

Атмосферное загрязнение в первую очередь снижает сопротивляемость организма, результатом чего становятся повышенная заболеваемость и другие изменения в организме. По сравнению с источниками химического загрязнения (почва, питьевая вода пища) атмосферной воздух представляет для человека особую опасность, поскольку на его пути нет заслона, подобного печени при проникновении загрязняющих веществ через желудочно кишечный тракт. Доля влияния загрязнения атмосферного воздуха на заболеваемость системы органов дыхания составляет 20% , системы кровообращения 9%.

Основные механизмы выведения токсичных элементов из атмосферы - вымывание с атмосферными осадками и осаждение на подстилающую поверхность. В осадках эти элементы присутствуют в растворимой (соли, комплексные ионы) и малорастворимой формах. Но, как правило, преобладают вторые формы, что, вероятно, обусловлено наличием в атмосфере кислых осадков серы и азота, способствующих образованию растворимых соединений с металлами.

Тяжелые металлы относятся к числу наиболее распространенных и весьма токсичных загрязняющих веществ. Они широко применяются в различных промышленных производствах, поэтому, несмотря на очистные мероприятия, содержание соединений тяжелых металлов в промышленных сточных водах довольно высокое.

В водных средах тяжелые металлы присутствуют в трех формах: взвешенной, коллоидной и растворенной, они представлены свободными ионами и растворимыми комплексными соединениями с органическими и неорганическими соединениями. Значительная часть тяжелых металлов переносится поверхностными водами во взвешенном состоянии. Так, количество меди, связанной с твердыми частицами, может достигать 97% ее общего содержания в воде.

Необходимо отметить, что в последние десятилетия заметно изменился химический состав не только поверхностных, но и подземных вод. Усиленный отбор подземных вод для бытовых и промышленных нужд в крупных городах способствует инфильтрации загрязненных вод из поверхностных водоемов и загрязнению водоносных горизонтов.

Почва не обладает таким свойством подвижности, как атмосфера и водная среда, и более подвержена загрязнениям. Уровни содержания тяжелых металлов в почвах зависят от окислительно – восстановительных и кислотно – основных свойств. Тяжелые металлы в почвах содержатся в водорастворимой, ионообменной и непрочно адсорбированной формах. Особенно высокие концентрации тяжелых металлов в почвах могут наблюдаться вокруг больших городов.

Тяжелые металлы малоподвижны в почве, поэтому из почвы их удаляют вместе с загрязненными слоем. При этом металлы переходят в лабильную форму и опускаются в почве на уровень ниже корневой системы растений.

Загрязнение почвы, воды и воздуха тяжелыми металлами представляет собой опасность как в глобальном, так и в региональном масштабе. Значительное обогащение природной среды свинцом, ртутью, кадмием наряду с низким природным уровнем этих металлов в биосфере и высокой токсичностью требует постоянного контроля за их содержанием не только в объектах окружающей среды, но и в пищевых продуктах.

Очевидно, что загрязнение пищевых продуктов тяжеллыми металлами предствляет наибольшую опасность, когда они присутствуют в продуктах питания в повышенных концентрациях. Обычно это наблюдается в сельскохозяйственных культурах, выращиваемых на полях вблизи промышленных предприятий или в случае загрязненния полей, городскими отходами и продуктами их переработки.

У растений устойчивость к действию тяжелых металлов выше, чем у людей и животных. В растениях металлы могут отлагаться в клеточных стенках (целлюлоза) или в клеточных вакуолях с образованием хелатов. В этих случаях тяжелые металлы становятся физиологически неактивными для растений. Растения могут нормально развиваться благодаря их специфическому механизму обеззараживания даже при таких концентрациях металлов, которые для человека являются токсичными.

Поглощение металла и его аккумуляция растениями зависит от вида последнего. Кроме того и в самих растениях металлы распределяются неравномерно. Так, медь и цинк концентрируются примущественно в корнях растений, тогда как кадмий накапливается в листьях.

Таким образом, возрастающее загрязнение воздушной среды, воды, почвы, продуктов питания тяжелыми металлами оказывают прямое влияние на человека. Поступление тяжелых металлов по пищевой цепи можно уменьшить путем выращивания на загрязненных полях только кормов для животного или таких культур, которые используются для питания человека в малых дозах.

В природе все устроено таким образом, что один живой организм служит пищей другому, на останках одних организмов вырастает новая жизнь. Непрерывность жизни в биосфере зависит от состояния определенного равновесия между всеми процессами, протекающими в биосфере. Жизнь возможна лишь на основе вечного круговорота жизни и смерти, постоянного возникновения и разрушения. Все животные дышат воздухом, который уже бессчетное число раз побывал в легких. Минеральные соли, сегодня потребляемые растениями, также неоднократно были составной частью живой ткани. Каждый живой организм выполняет роль звена в цепи природного круговорота. Используя средства существования, поставленные «соседями» он, в свою очередь, должен отдавать в окружающую среду то, что могут усвоить другие.

Литература:

1. Алексеенко В.А. Экологическая геохимия. Учебник. М.: Логос - 2000 г. - с.627
2. Андруз Дж., Бримблекумт Б., Джикелз Т., Лисс П. Введение в химию окружающей среды. М.: Мир, 1999 - с.271
3. Юсфин Ю.С., Леонтьев Л.И., Черноусов П.И. Промышленность и окружающая среда. М.: 2002 г.

Бердешева Г.А.[1]**, Койшыгулова Г.У.**[2]**, Молдашев Ж.А.**[3]**, Сраж Б.Б.**[4]

к.м.н.[1], магистр экологии[2], к.м.н., доцент[3], магистрант[4]

К ВОПРОСУ РЕСУРСНО – ЭКОЛОГИЧЕСКОГО ПОДХОДА В ОХРАНЕ ОКРУЖАЮЩЕЙ СРЕДЫ

Разработка концепции устойчивого развития мирового сообщества и принятие ее практически всеми странами в качестве стратегической линии развития цивилизации явилась крупным успехом человечества.

Главная проблема развития земной цивилизации - это ограниченность ресурсов всех видов. Мы жили, живем и всегда будем жить в мире ресурсов. При большом разнообразии необходимых для поддержания жизни на Земле ресурсов основными из них, требующими научно обоснованного и постоянного контроля и управления, являются экологические, энергетические, материальные и социальные. Состояние окружающей среды (экологический ресурс) является одним из наиболее важных.

Оценить правильность выбора и роль конкретных предлагаемых решений можно, лишь подсчитав и выбрав наименьший общий суммарный расход всех ресурсов и выделив из них лимитирующий ресурс.

Для современного мира лимитирующим ресурсом, несомненно, является состояние окружающей среды. Поэтому большинство решений регионального характера должны приниматься при условии необходимости поддержания природных процессов в окружающей среде.

Любое народнохозяйственное мероприятие имеет две составляющие: ресурсную и экологическую. Можно принять в качестве принципиального положения не требующего доказательств: «Любое действие, вызывающее снижение потребления ресурсов, оказывает благоприятное воздействие на состояние окружающей среде». Поэтому большая часть решений по снижению нагрузки на окружающую среду находится в сфере управления ресурсами.

В решении проблемы снижения энергетических и материальных ресурсов основными направлениями являются совершенствование технологии и оборудования, использование попутной продукции и вторичных материалов и вторичных энергоресурсов, комплексное использование природных ресурсов и переработка отходов производства и потребления.

По мере вовлечения различных ресурсов в антропогенную деятельность и разработки методик контроля их расхода возникает необходимость их классифицирования. До последнего времени существовали различные методы классификации исключительно природных ресурсов. Резкий рост объемов производства XXI века вызвал необходимость анализа разнообразных техногенных ресурсов, классификация которых постоянно дорабатывается и уточняется.

Важнейшим практическим вопросом, вытекающим из ресурсно – экологической концепции, является количественная оценка биосферного ресурса. Видимо, правы те профессионалы – экологи, которые считают, что наиболее полно отражает состояние окружающей среды «степень устойчивости биосферы». Однако это понятие до сих пор полностью не раскрыто.

Ряд специалистов (В.И. Данилов – Данильян., С.С. Шварц 1994 г), критикуют попытки оценки состояния окружающей среды как одного из ресурсов цивилизации. При этом они полагают, что в этом случае биосфера принимается как источник конкретной продукции. Во избежание недоразумений мы подчеркиваем иное понимание биосферного ресурса – как степени устойчивости биосферы.

У большинства людей сложилась впечатление, что главной опасностью для природных процессов являются различные выбросы, из которых чаще всего выделяют выбросы в атмосферу и водоемы.

Большинство специалистов (Ю.С. Юсфин., Л.И. Леонтьев 1998 г) считают, что состояние окружающей среды, которое, как мы полагаем, удобнее выразить в наиболее полном объеме в виде определенного запаса степени устойчивости природных процессов или понятия «биосферный ресурс», наиболее надежно оценивается значениями следующих составных частей в таком иерархическом ряду (убывание по степени значимости при глобальной оценке):
- уровень сохранения видового разнообразия и естественных экосистем;
- состояние лесов, водоемов, земель;
- глобальное изменение климата;
- выбросы и загрязнения.

С точки зрения методологии ресурсного подхода, удобнее подразделить эти направления следующим образом:
- биологический подресурс (биота, вода, воздух, земля);
- химический подресурс (изменение климата, формирование выбросов и загрязнений);
- физический подресурс (воздействие на окружающую среду нехимическим путем, радиоактивность, ионизация, электромагнитное излучение и др.).

В согласии с большинством специалистов можно утверждать, что самым ярким свидетельством изменения окружающей среды служит нарушение экосистем и ландшафтов на поверхности нашей планеты.

Разнообразие видов не причуда природы, а ее необходимое состояние. Виды живых организмов представляют единое целое, в том числе трофическую (пищевую) цепь. Уничтожение вида означает выпадение звена из трофической цепи и приводит к нарушению равновесия природы в целом и человеческой популяции в частности. Наряду с этим человеку необходимы биологические ресурсы, которые ничем заменить нельзя, и прежде всего – природная биота.

Во многих смыслах заменить биологический ресурс человеку нечем. Во-первых, биота – это основа сельского хозяйства, т.е. главная база обеспечения человека пищей. В результате природных процессов производится продукция, без которой жизнь человека невозможна. Сельское хозяйство является дополнительным взносом человека в природные процессы.

Во-вторых, биологический ресурс – это прежде всего леса, роль которых в жизни человека многообразна и незаменима.

В-третьих, растительный покров – это необходимое условие для предупреждения эрозии почвы, инфильтрации воды и сохранения грунтовых вод, снижения потоков сточных вод и паводков.

В-четвертых, биота – это гарантия стабилизации климата.

В-пятых, биологический ресурс – это гарантия стабилизации баланса кислорода, без которого жизнь невозможна.

В-шестых, биологический ресурс – это наряду с продукцией сельского хозяйства основа для животноводства и рыбного хозяйства.

В-седьмых, биота – это ресурс для медицины 25% лекарств можно изготовить только из природных компонентов (транквилизаторы, ряд антибиотиков обезболивающих средств и пр.).

Можно продолжить этот список, подтверждающий необходимость потребления человеком биологического ресурса. Признание этой необходимости делает бессмысленными призывы типа: «не трогать природу» и другие лозунги типа «права природы выше прав человека» и так далее.

Таким образом, определяя суть и причины бурного развития экологии в последнее время, было бы неверно утверждать, что она является сейчас лидером естествознания, часто экологические методы можно назвать неустоявшимися и не вполне разработанными. На наш взгляд правильнее было бы говорить о том, что лидирующей проблемой современного естествознания была и остается проблема биосферы.

Концепция устойчивого развития действительно предполагает определенные ограничения в области эксплуатации природных ресурсов, но они являются не абсолютными, а относительными и связаны с современным уровнем техники и социальной организации, а также со способностью биосферы справляться с последствиями человеческой деятельности.

Литература:

1. Лисин В.С, Юсфин Ю.С. Ресурсно – экологические проблемы XXI века и металлургия. М.: Высшая школа., 1998 г. 447 С.

2. Небел Б. Наука об окружающей среде. М.: Мир., 1994 г. Т.1.424 С.

3. Юсфин Ю.С., Леонтьев Л.И., Черноусов П.И. Промышленность и окружающая среда. М.: 2002 г.

Мокренко Е.В.,
к.м.н., ассистент кафедры ортопедической стоматологии ГБОУ ВПО
Иркутского государственного медицинского университета МЗ РФ
(ИГМУ);
Кострицкий И.Ю.,
ассистент кафедры ортопедической стоматологии ИГМУ;
Кузьмина М.И.,
студентка стоматологического факультета ИГМУ;
Аббасов Н.М.,
студент стоматологического факультета ИГМУ;
Иванов Р.А.
клинический ординатор кафедры ортопедической стоматологии ИГМУ

КЛИНИЧЕСКОЕ СРАВНЕНИЕ РЕЗУЛЬТАТОВ ИСПОЛЬЗОВАНИЯ РАЗЛИЧНЫХ СИСТЕМ ДЛЯ РЕТРАКЦИИ ДЕСНЕВОГО КРАЯ

Актуальность. Для долгосрочного клинического успеха ортопедического лечения зубов несъёмными конструкциями крайне важно обеспечить их точное краевое прилегание к опорным элементам. Для осуществления этой задачи требуется получить оттиск, точно отображающий все элементы протезного ложа, в том числе границу препарирования опорных зубов. Таким образом, перед врачом-стоматологом стоит задача оттеснить свободную десну, создав достаточное пространство для проникновения оттискной массы. Для реализации этой задачи разработаны различные методы ретракции десневого края.

Ретракция десны (лат. retractio – «оттягивание», «сокращение») – это комплекс мер, направленных на временное расширение зубодесневой борозды в вертикальном и горизонтальном направлении за счет оттеснения и уменьшения объема тканей десны, а также на остановку или предупреждение кровотечения, уменьшения выделения десневой жидкости[1,1].

При протезировании применяют несколько методов ретракции десны:
- механическая (ретракционные нити без пропитки, кольца, колпачки);
- химическая (эпинефрин, хлорид алюминия, сульфат алюминия и др.);
- хирургическая (хирургический скальпель, электро-хирургические приборы, вращательные инструменты);
- комбинированная (сочетание вышеуказанных методов).

Такое разнообразие средств и методов ретракции требуют от врача-стоматолога понимания всех достоинств и недостатков каждого из них и позволяет делать выбор в пользу того или иного средства в зависимости от особенностей клинической ситуации, от химических свойств материалов и от выбранной методики.

Цель: оценка и сравнение состояния десны после применения различных ретракционных систем.

Материалы и методы. Исследование проведено на группе добровольцев в количестве 8 человек, в возрасте от 20 до 26 лет, у которых отсутствовали признаки воспаления десны. Каждому из исследуемых была проведена ретракция десны, в области 21 зуба с помощью следующих ретракционных систем: ретракционная нить GINGI-PAK (США), ретракционный гель Ретрагель (Россия), ретракционная паста Astringent Retraction Paste (США).

Для оценки степени ретракции каждому из участников исследования была нанесена риска перманентным маркером на высушенную поверхность зуба так, чтобы маркер покрывал и десневой край, и прилегающую поверхность зуба. Далее каждому из участников производилась ретракция десны одним из вышеуказанных методов. Для осуществления замеров величины ретракции в вертикальном направлении (зазор между окрашенной маркером десной и верхним краем риски на эмали зуба), сразу после аккуратного изъятия ретракционного материала из зубодесневой борозды производили фотографирование зуба 21 профессиональным фотоаппаратом Canon 60d, макрообъектив Sigma AF 105/2,8 EX DG OS HSM Macro. При этом для точности производимых замеров, на каждой фотографии также был запечатлен эталон для числовых измерений - эндодонтическая линейка Dentsply (Германия). Затем фотографию загружали в программу Adobe Fotoshop CS5 для многократного замера зазора между десневым краем и верхним краем риски на эмали. Замеры производили с помощью компьютерного приложения «Линейка», предварительно настроив шкалу измерений таким образом чтобы 1 миллиметр на Эталоне соответствовал 1 миллиметру в программе AdobeFotoshopCS5. Результаты замеров вносили в таблицу и выводили среднее значение вертикального смещения десневого края у пациента при использовании каждого метода. Такой расчет позволил вывести среднее значение вертикального смещения десны при использовании каждого из трех методов ретракции.

Продолжительность процедуры ретракции десны оценивали в секундах, с помощью таймера. Максимальная продолжительность проведения ретракции десны, полученная при использовании нити – 48 сек., была принята за 100%. Зная максимальное среднее значение продолжительности процедуры при использовании геля и пасты, был высчитан процент сокращения временных затрат при использовании этих методов ретракции, относительно использования ретракционной нити.

Кровоточивость десны и наличие остатков ретракционного материала в зубодесневой борозде оценивались визуально, как «да» или «нет» и представлены в процентном отношении. Необходимость специальных мануальных навыков оценивалась опытным путем, как «да» или «нет».

Результаты.

Рис. 1. Величина вертикального смещения зубодесневой борозды (в мм)

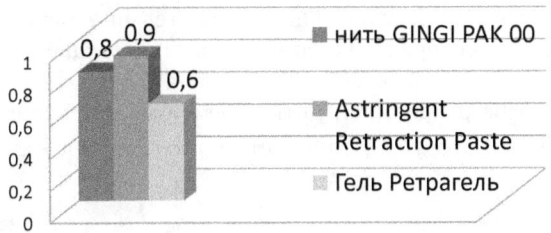

1. Продолжительность процедуры (в %) от временных затрат при использовании ретракционной нити GINGI-PAK методом одной нити.

Использование пасты на 50 % быстрее.

Использование геля на 65 % быстрее.

2. Кровоточивость десны отсутствовала во всех случаях использования геля и пасты для ретракции.

При использовании ретракционной нити в одном случае из восьми (12,5 %).

3. Наличие остатков ретракционного материала в зубодесневой борозде.

При использовании пасты - не обнаружено.

При использовании геля и нитей - визуально оценить невозможно.

4. Необходимость специальных мануальных навыков.

Да – при использовании ретракционных нитей

При использовании геля и пасты – не требуются.

Выводы. Использование ретракционных нитей, является одним из самых эффективных методов, однако требует специальных профессиональных навыков и значительных временных затрат. А также может приводить к травмированию зубодесневого соединения. Использование геля для ретракции требует минимальных мануальных навыков и затраченного времени, не оставляет остатков материала в зубодесневой борозде и не травмирует зубодесневое прикрепление. Однако степень ретракции десны может оказаться недостаточной для получения двухэтапных двухслойных оттисков. Паста для ретракции десны может использоваться при большом количестве опорных зубов, требует минимум времени и мануальных навыков, создавая достаточное оттеснение десны за счет сочетания механической и химической ретракции.

Литература

1.   Гафтон Д. Г. Ретракция десны – это просто! // Практика успеха AmericanDentalAcademy. – 2012.- С.1-4

2.   Современные материалы для ретракции десны и гемостаза.// DENTALTIMES 26. – февраль, 2016.- С. 8-11

3.   Петрикас А.Ж., Полозова О.А. Сравнительные характеристики ретракционных нитей, содержащих эпинефрин и вяжущие средства // Клиническая стоматология.- 2004, №2 (30). - С. 46-49

4. Паста вместо ретракционной нити. Временная ретракция десны с использованием пасты Expasyl // Новое в стоматологии. -2001, № 9 (99). - С. 53-55

Кожевникова К.В.[1], Малюжинская Н.В.[2], Полякова О.В.[3]

[1] ORCID: 0000-0001-8167-0003, аспирант кафедры детских болезней педиатрического факультета, Волгоградский государственный медицинский университет, [2]доктор медицинских наук, доцент, зав. кафедрой детских болезней педиатрического факультета, Волгоградский государственный медицинский университет, [3]кандидат медицинских наук, Волгоградский государственный медицинский университет

РЕМОДЕЛИРОВАНИЕ МИОКАРДА У ДЕТЕЙ С САХАРНЫМ ДИАБЕТОМ 1 ТИПА

Цель: Исследовать типы ремоделирования миокарда левого желудочка у детей с сахарным диабетом 1 типа (СД 1 типа). *Материалы и методы.* Обследовано 63 ребенка с СД 1 типа, 33 мальчика и 30 девочек. Средний возраст $13,19 \pm 3,93$ лет, стаж диабета $4,24 \pm 3,47$ года. Всем больным проведено эхокардиография.*Результаты.* При увеличении стажа СД 1 типа происходит увеличение относительной толщины стенки левого желудочка, уменьшение индексированного показателя КДО и его отношении к ММЛЖ, что говорит о формирующейся диастолической дисфункции.

Ключевые слова: сахарный диабет 1 типа, ремоделирование миокарда, гипертрофия миокарда левого желудочка.

K.V. Kozhevnikova[1], N.V. Malyuzhinskaya[2], O.V. Polyakova[3]

[1] ORCID: 0000-0001-8167-0003, aspirant of Childhood Diseases of Faculty of Pediatrics, Volgograd State Medical University, [2]MD, Associate Professor, Head of Department of Children Diseases of Faculty of Pediatrics, Volgograd State Medical University, [3]PhD, Volgograd State Medical University

MYOCARDIAL REMODELING IN CHILDREN WITH TYPE 1 OF DIABETES

Objective: To investigate the types of remodeling of the left ventricle in children with type 1 of diabetes. *Materials and methods.* The study included 63 patients (33 boys and 30 girls) with DM1 (mean age $13,19 \pm 3,93$ years, DM1 duration $4,24 \pm 3,47$ years). The patients were examined using echocardiography. *Results:* Increase in the relative thickness of the left ventricle, reducing the indexed of end-diastolic volume and its relation to the LVM comes with an increase in part-time type 1 diabetes, suggesting an emerging diastolic dysfunction.

Key words: type 1 diabetes mellitus, left ventricular myocardial hypertrophy, myocardial remodeling.

СД 1 типа превратился в одну из актуальных проблем педиатрии, что обусловлено увеличением показателей заболеваемости и распространённости, возможностью развития сосудистых осложнений длительное время текущих субклинически. В качестве независимого фактора риска неблагоприятного сердечно-сосудистого прогноза рассматривают гипертрофию миокарда левого желудочка [1].

Цель: Исследовать типы ремоделирования миокарда левого желудочка у детей с сахарным диабетом 1 типа.

Материалы и методы. В рамках исследования было обследовано 63 ребенка (33 мальчика и 30 девочек) в возрасте от 10 до 17 лет с верифицированным диагнозом СД 1 типа. Средний возраст больных составил 13,19 ± 3,93 лет, средняя длительность заболевания – 4,24 ± 3,47 года, средний возраст дебюта СД – 7,75 ± 4,44 лет. Было сформировано 2 группы в зависимости от стажа заболевания: 1 – 33ребенка (17 мальчиков и 16 девочек) с длительностью СД 1 типа до 3х лет, 2 – 30 детей с длительностью заболевания более 3х лет (16 мальчиков и 14 девочек). Всем больным проводилась инсулинотерапия по интенсифицированной схеме, среднесуточная доза инсулина составила 0,97 ± 0,33. Дети, находящиеся в исследовании имели уровень артериального ниже 95 перцентиля.

Детям проведено клинико-анамнестическое обследование согласно стандарту оказания медицинской помощи больным с сахарным диабетом.

Оценка морфофункционального состояния сердца проводилась с помощью эхокардиографии (ЭхоКГ) на аппарате «Vivid 7 Demension»(США) с допплеровским датчиком. Оценка линейных размеров полостей сердца (передне-задний размер левого предсердия, конечный систолический и конечный диастолический размеры левого желудочка (КСР и КДР ЛЖ)), толщину межжелудочковой перегородки (МЖП) и задней стенки ЛЖ (ЗСЛЖ). Массу миокарда левого желудочка (ММЛЖ) рассчитывается по формуле ММЛЖ=1,04-[(КДР+МЖП+ЗСЛЖ)³-КДР³]-13,6 (Devereux R.,Et al., 1977 г). Индекс массы миокарда левого желудочка (ИММЛЖ) определяли как соотношение ММЛЖ к площади поверхности тела. Относительную толщину стенки (ОТС) ЛЖ рассчитывали как отношение (МЖП+ЗС)/КДР. Согласно классификации R. Devereux нормальной геометрией считали ОТС≤0,45 и ИММЛЖ<116г/м².

Статистическая обработка полученных результатов проводилась на персональном компьютере (IntelCore i7-3612QM, 2,1 GHz) с использованием статистического пакета STATISTICA 6.0 (StatSoft, Tulsa, USA). Характер распределения значений количественных признаков оценивался с помощью критерия Шапиро-Уилка. Результаты представлены в виде медианы (Me) и интерквартильного размаха [Q₁;Q₃]. Наличие статистически значимого различия количественного признака в двух несвязанных группах определялось с помощью критерия Манна-Уитни. Корреляционый анализ проводился с использованием корреляции Спирмена. Статистически значимыми считались различия при p<0,05.

Результаты исследования и обсуждение.

У всех детей 1 группы определена нормальная геометрия ЛЖ. У детей со стажем СД 1 типа более 3х лет при комплексной оценке структуры миокарда были выявлены следующие изменения: концентрическое ремоделирование наблюдалось у 2 пациента (6,67%) и у 2х пациентов диагностирована эксцентрическая гипертрофия – 6,67%.

Показатели ЭхоКГ у детей с СД 1 типа представлены в таблице 1

Таблица 1

Морфофункциональные показатели сердца и расчетные показатели ЭхоКГ у детей с СД 1 типа.

При увеличении стажа заболевания наблюдалось увеличение

Показатель	Группа 1 Стаж более 3х лет (n=33)	Группа 2 Стаж более 3х лет (n=30)	р
ФВ	66,0 [64,0;72,0]	70,0 [64,0;72,0]	
ПЖ	2,1 [1,9;2,2]	2,2 [2,1;2,3]	p=0,059
КДР ЛЖ	4,2 [3,6;4,6]	4,2 [4,0;4,4]	
КСР ЛЖ	2,5 [2,3;2,8]	2,5 [2,4;2,7]	
МЖП	0,7 [0,6;0,7]	0,7[0,7;0,7]	p=0,09
ЗС	**0,7 [0,6;0,7]**	**0,7 [0,7;0,7]**	**p=0,04**
КДО	220,29[139,68;288,5]	220,29[190,67;252,85]	
КСО	48,07[37,79;66,83]	48,07[42,72;60,11]	
УО	171,5[101,89;206,75]	160,18[142,59;198,51]	
МОК	12,74[8,86;18,2]	13,96[11,39;18,1]	
СИ	10,86[8,7;12,59]	11,07[9,34;12,64]	
ФВ ЛЖ	0,75[0,72;0,81]	0,77[0,73;0,81]	
ММЛЖ	82,38[52,89;122,45]	91,99[71,68;105,22]	
ОТС	**0,324[0,286;0,342]**	**0,33[0,318;0,353]**	**p=0,035**
ИММЛЖ	70,43[53,74;76,78]	64,81[59,23;73,5]	
КДО/S	**180,9[156,96;198,61]**	**157,35[147,98;175,75]**	**p=0,03**
КДО/ММЛЖ	**2,22 [1,72;2,81]**	**1,76 [1,55;1,93]**	**p=0,009**

толщины ЗСЛЖ. Статистически значимых отличий других структурных показателей ЭхоКГ у детей с СД 1 типа с различным стажем заболевания нами получено не было. Однако, при увеличении стажа заболевания наблюдалась тенденция к увеличению размеров правого желудочка (ПЖ) (p=0,059) и толщины МЖП (p=0,09).

КДО отражает как структуру, так и диастолическое наполнение ЛЖ (конечную диастолическую длину миокардиофибрилл). Наблюдается снижение индексированного показателя КДО, отношения (КДО/S)/ММЛЖ и увеличение ОТС у детей со стажем СД более 3х лет. Эти изменения свидетельствует о развитии диастолической дисфункции ЛЖ по гипертрофическому, формирующейся за счет повышения ригидности миокарда в фазу диастолы [2].

Таким образом, можно сделать следующие выводы:

1. При увеличении стажа заболевания происходит увеличение относительной толщины стенки левого желудочка, уменьшение индексированного показателя КДО и его отношении к ММЛЖ,

2. Выявленные изменения говорят о формирующейся диастолической дисфункции.

3. У 13,3% детей с СД 1 типа диагностировано ремоделирование миокарда по типу концентрического ремоделирования и эксцентрической гипертрофии

Литература:

1. Малюжинская Н.В., Кожевникова К.В., Полякова О.В., Николенко Н.В., Жидких А.Н., Петрова И.В. Состояние углеводного обмена у детей с сахарным диабетом 1 типа в зависимости от возраста дебюта и длительности заболевания // Вестник ВолгГМУ. – 2015. -№ 4 – С. 26-29.

2. Бондарь И.А., Королева Е.А., Чудинова О.Г. Влияние диабетической автономной нейропатии на ремоделирование миокарда при сахарном диабете 1 типа // Журнал Сахарный диабет. – 2011. -№ 2 – С. 49-52.

Лихневская Н.В.

Белгородский государственный национальный исследовательский университет, аспирант

likhnevskaya_nv@yandex.ru

ОЦЕНКА ПРОСТРАНСТВЕННОГО РАЗМЕЩЕНИЯ НАСЕЛЕНИЯ БЕЛГОРОДСКОЙ АГЛОМЕРАЦИИ[1]

Неоднородность пространственного размещения населения характерна для многих территорий, вызванная различными факторами - от природных характеристик района до его институциональных условий и влияния агломерационных эффектов.

Объект нашего исследования – население Белгородской агломерации.

Предмет исследования – пространственные различия в размещении населения Белгородской агломерации.

Цель исследования - оценка степени неравномерности пространственного размещения населения Белгородской агломерации для оптимизации расселения.

Исходя из поставленной цели, мы решали следующие задачи: 1) выявление степени равномерности размещения населения агломерации с последующим использованием ГИС-технологий; 2) проведение корреляционного анализа плотности населения и индекса концентрации населения (ИКН); 3) выявление «проблемных» районов агломерации, разработка рекомендаций по равномерному распределению населения на территории исследуемой градосистемы.

Для расчетов ИКН мы воспользовались апробированной методикой исследования расселения [2, с. 214] – соотношением численности и динамики населения отдельных территориальных единиц, в основу расчетов положили официальные статистические материалы.

$$\Delta = \frac{1}{2} \sum_{i=1}^{k} |X_i - Y_i|,$$

где Δ - суммарная концентрация населения, %; i – концентрация данной территориальной единицы; k – количество территориальных единиц; X_i – доля населения данной единицы в населении агломерации, %; Y_i – доля площади той же единицы в общей территории, % [3, с.8].

ИКН дает количественную оценку степени равномерности и неравномерности населения, его значение может варьировать от 0 до 100%, где 0-10% - равномерное размещение; 10-25% - относительно

---

[1] Публикация подготовлена в рамках поддержанного РГНФ научного проекта №15-13-3100

равномерное; 25-40% - относительно неравномерное; 40-60% - неравномерное размещение; > 60% - абсолютно неравномерное размещение.

Полученные результаты позволяют делать выводы о неравномерном размещении населения в Белгородской агломерации - 46,0% (рис. 1).

Рис.1 «Пространственное размещение населения Белгородской агломерации» *(Картосхема составлена автором по источнику [1])*

Наибольший показатель ИКН характерен для г. Белгорода (50,5%) и Шебекинского района (10,6%), наименьший - для Ракитянского, Борисовского и Ивнянского районов – 3,7, 4,4 и 4,7% соответственно. Основной причиной неравномерного размещения населения является высокий удельный вес ядра агломерации – г. Белгород, в котором сосредоточено 52 % населения агломерации. Остальные муниципальные районы составляют первую и вторую пригородные зоны агломерации, поэтому закономерно, что плотность падает к периферии агломерации.

Корреляционный анализ плотности населения и ИКН муниципальных районов Белгородской агломерации (рис.2) показал, что при низкой плотности населения характерно более равномерное размещение населения (т.е. низкий ИКН). На диаграмме показатель с наибольшей плотностью населения характерен для города Белгорода – 2511 чел/км^2.

Развитие агломераций с последующей концентрацией населения в них занимают важное место в выявлении причин и проблем пространственного неравенства экономик регионов. Масштабное производство, с одной стороны, и борьба за снижение транспортных издержек, с другой, приводят к тому, что все большая часть населения тяготеет к мегаполисам и крупным городам. Растущее население городов стимулирует развитие экономики и рост производства, которые приводят к дальнейшему увеличению численности жителей [4], что мы имеем в Белгородской агломерации. В итоге, постепенно проявляется деление регионов на высокотехнологичные «основные зоны» и менее развитую «периферию», но это предмет следующего нашего исследования.

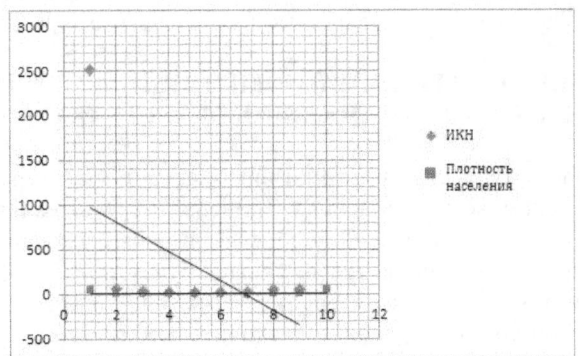

Рис.2 «Корреляционный анализ плотности населения и ИКН муниципальных районов Белгородской агломерации».

Выводы: для сокращения антропогенной нагрузки территории г. Белгород и роста аттрактивности населением пригородных зон агломерации необходимы значительные экономические, социальные и инфраструктурные инвестиции в районы с низкими показателями ИКН - Ракитянский, Борисовский и Ивнянский районы.

Список литературы:

1) Демографический ежегодник Белгородской области на 1 января 2014 года. – Белгород: Белгородстат, 2015. - 185 с.;

2) Кулаковский Е. С., Яковенко Н. В. Математические методы в изучении пространственного размещения населения (на примере Воронежской области) // Муниципальные образования современных регионов: проблемы исследования, развития и управления в условиях геоэкономической и политической нестабильности [Текст]: материалы Первой международной научно-практической конференции. Воронеж: ИПЦ «Научная книга», 2016. с. 214 - 217;

3) Поросенков Ю. В. Размещение населения СССР: социально-экономико-географическое исследование / Ю. В. Поросенков. – Воронеж: изд-во Воронежского ун-та, 1989. 169 с.;

4) Krugman P. Increasing Returns and Economic Geography // Journal of Political Economy. – 1991. – Vol. 99. – No. 3. – P. 483 - 499. Режим доступа: http://www.princeton.edu/pr/pictures/g-k/krugman/krugman-increasing_returns_1991.pdf.

УДК 372.851

Кузина А.А. – студент факультета Педагогики и Психологии, группы НО-31,
ФГБОУ ВО «Башкирский государственный университет»,
г. Стерлитамак. Email: annakuzina1401@mail.ru
Шмелева Н.Г. – канд. физ.-мат. наук, доцент, ФГБОУ ВО
«Башкирский государственный университет», г. Стерлитамак

ОСОБЕННОСТИ РЕАЛИЗАЦИИ ПРИНЦИПА СВЯЗИ ТЕОРИИ С ПРАКТИКОЙ В НАЧАЛЬНОМ КУРСЕ МАТЕМАТИКИ

Зачастую уроки математики никак не могут решить проблему: для чего необходим весь пройденный материал? Тут, очевидно, должен решаться важный методический вопрос сближения способов решения учебных задач с методами, которые можно будет применить на практике. Необходимо выявить отличительные черты практической математики, её общевоспитательных функций, увеличить межпредметные взаимосвязи, сформировать у учеников прочные и осознанные точные математические навыки, требуемые для решения прикладных задач и для последующего изучения математики. На уроках математики необходимо предоставлять органическую взаимосвязь изучаемого теоретического материала с его практической актуальностью, на доступном для обучающихся языке предоставлять реальные связи между математикой и с находящимся вокруг окружающим миром, предложить использование различных тем в смежных науках, в будущей профессиональной деятельности, в производственной сфере и быту.

Практика показывает, что младшие школьники с удовольствием знакомятся с задачами на реализацию принципа связи теории с практикой содержания и решают их. Огромное значение в ходе обучения математике имеет осознание младшими школьниками практической важности того или иного учебного материала, перспективы его использования. Обучающиеся с интересом наблюдают, как из практической задачи возникает теоретическая, и как абсолютно теоретической задаче можно придать практическую форму. На решение прикладных задач требуется значительно меньше времени, чем на проектные задачи, именно поэтому их всегда можно включить в содержание любого урока, независимо от изучаемой темы и ступени обучения. Кроме того, их преимущество заключается в возможности работы как в индивидуальной, так и в коллективной форме работы.

Тумашева определяет работу с такими задачами как средство, которое позволяет обучающимся осознать прикладное значение математических знаний и умений, тем самым создать мотивацию в учебно-познавательной деятельности, обеспечить системность и межпредметность знаний, позволит обучающимся с самых первых ступеней быть участником деятельностного подхода, активизировать весь потенциал активности учащегося – от уровня восприятия до самостоятельного применения; приобретать не только обучающимся, но и педагогику, опыт использования знаний и умений, приобретенных на уроках математики в качестве средства регуляции своей деятельности [3, 75-78].

Иногда на уроках математики при решении текстовой задачи стремятся как можно скорее перейти к точному математическому выражению. Например, к уравнению, концентрируя весь интерес в решении данного уравнения в математические действия. Это, вероятно, ошибочно. Следует уделять больше времени на неформальное обсуждение текстового условия этой задачи, осмысление значения участвующих в ней величин, на адекватность математической модели, на рассмотрение заключений из её изучения. Эти факторы вызывают максимальные затруднения, и, непосредственно владение ими определяет способность использовать математику и в практике. Подобное использование можно продемонстрировать на самом различном материале.

Постоянная, органическая взаимосвязь теории с практикой в обучении математике гарантирует подобное усваивание учениками программного использованного материала, при котором теория становится для них руководством к действию, к решению практических задач, активизирует заинтересованность к исследованию математики, увеличивает творческую активность. Однако постановка жизненных задач непростая деятельность. При разборе задачи полный и краткий анализ можно комбинировать. Краткий не сковывает мысль ученика излишней детализацией и значительно экономит время [1, 135]. Образцами подобных задач смогут быть популярные задачи об установлении длины и ширины озера, высоты и площади горы и т. д. Обучающимся доводится больше всего решать задачи с отвлечённым, абстрактным условием, к которому они не всегда проявляют заинтересованность, от этого страдает их активность при решении задач. В работе учащихся начальных классов преобладают некоторые виды действий, которые нередко сначала действуют интуитивно и только позже осмысливают свою практическую деятельность на основе имеющихся теоретических знаний. Зачастую у младших школьников появляется идея, будто бы эти задачи являются непрактическими, т. е. не пригодятся в жизни. С целью ликвидации подобных ошибок уместно использовать любую возможность демонстрации того, то что абстрактная задача может быть связана с прикладными задачами. Для этого нужно устанавливать межпредметные взаимосвязи – одно из способов осуществления практической направленности изучения школьного курса математики. Доказывая свойство арифметического действия нужно демонстрировать обучающимся их применение в иных дисциплинах. Наиболее тесно математика связана с информатикой. Владение обучающимися компьютерной грамотностью позволяет разнообразить решение многочисленных задач. К примеру, при изучении тем «Решение уравнений и их систем» возможно решить уравнения аналитическим, графическим способами, умозаключительными, графическими методами, а кроме того с помощью компьютерной программы с последующим анализом и сравнением различных вариантов решения. Реализуя межпредметные взаимосвязи, педагог не только демонстрирует возможности использования точных математических знаний и умений, но и знакомит обучающихся с миром профессий, с условиями успешного овладения выбранной профессии. Применение межпредметных связей математики и иных предметов может помочь убедить младших школьников в том, что работникам разных специальностей нужна специализированная, математическая подготовка, без которой нельзя заниматься рационализацией, изобретательством.

Применение задач направленных на реализацию принципа связи теории с практикой на мотивационно-целевом этапе обучения позволяет обучающимся осознать значимость изучаемого вопроса, сформулировать тему, цель ее изучения, как один из шагов выхода из сложившейся проблемной ситуации. Их так же можно применять на этапе контроля, т.к. они позволяют обучающимся уточнить для себя отдельные теоретические положения курса и освоить практические умения, помогают формированию логического мышления, обеспечивают возможность самостоятельного контроля над правильностью выполнения проводимых действий, что в совокупности обеспечивает достижение новых результатов обучения.

Таким образом, принцип взаимосвязи теории и практики выражает необходимость подготовки обучающихся к верному использованию теоретических знаний начального курса математики в различных практических ситуациях, к преобразованию окружающей нас действительности. Формы осуществления принципа связи теории с практикой в учебном процессе могут быть различными, потому что в познавательной деятельности человека практическим действиям принадлежат разнообразные функции. В частности, они смогут обозначать соединение теории с практикой и объединение этой взаимосвязи как источника знаний о мире, как критерия истинности этих знаний.

Список использованной литературы:
1. Зайцева С. А. Методика обучения математике в начальной школе. – М.: Владос, 2014. – 192 с.
2. Истомина Н.Б. Методика обучения математике в начальной школе. – Смоленск: Ассоциация XXI век, 2013. – 288 с.
3. Тумашева О.В. Об особенностях обучения математике в условиях реализации системно-деятельностного подхода // Актуальные проблемы качества математической подготовки школьников и студентов: методологический, теоретический и технологический аспекты: Материалы III Всероссийской научно-методической конференции, 2015 – 121 с.

Kalinina T.L.
PhD in Philosophy, Ass Professor,
Financial University under the Government of the Russian Federation
tianak@mail.ru

PERSONAL VISION FOR A TEACHER LEADER

The Fall 2014 ASCD Whole Child Symposium argues that "the role of schools is changing in the 21 century — both as an institution and also in the value they bring to and provide for society". Since schools "act as important institutions that help grow and develop our youth as citizens and as engaged members of society, schools must better and more quickly adapt to our rapidly changing world. To teach what and how we taught 40 years ago would restrict our students' development. And a changing school needs professionals who are skilled, experienced, and nimble"[1].

Tanya Tucker one of the participants of the Symposium says "Teacher leadership is critical for really helping a school building build their capacity to increase student learning and student achievement and not only what that teacher does inside that school building but how that teacher leader works with the larger community to drive engagement and support for school goals and for increasing youth success" [1].

How can we foster leadership, develop mentor roles, and share responsibilities across an ever-broadening array of school requirements and needs?

In the Report on the Symposium the idea expands that "the process by which each teacher becomes a teacher leader is different and unique depending on a range of factors. Sometimes it's organic, sometimes it's encouraged, sometimes it's strategically led. Some instructional leaders naturally create the space for their classrooms teachers to grow as professionals, to take risks, to growth their leadership potential. Unfortunately, not everyone enjoys such a "gold mine" of colleagues and administrators. How much responsibility should teachers take to advance their leadership roles? What role should they play in forcing change?" [1].

While policymakers in education area are working on decisions, let's ask every teacher either secondary or primary or higher school what they could do for being the leader for themselves in their own lives? It would help make the first step in becoming a teacher leader.

According to Richard Boyatzis and Klio Akrivou's article "The ideal self as the driver of intentional change" published in 2006 this process starts with self-examination. For successful self-examination one should possess some basic expertise which related to the following questions. What is the ideal self? What are the components of it? [2]

One of the components is one's core identity. Without clearing up one's core identity the path to internal leader is impossible to be made. It implies strengths that someone has, and some of the enduring weaknesses. Enduring weaknesses are the weaknesses one has but is not really going to change [2].

Nowadays, if you find your strengths, you should keep doing jobs that use your strengths. Richard Boyatzis underlines the fact that after 35, most of us don't want to keep using our strengths. Periodically, we want to do something novel. We'd like to explore some other things that we might do in life. Moreover the scientist believes that one needs an image of the desired future.

The same case teachers experience. So it makes sense for them to create a picture of what he or she would love to be doing, what they're passionate about. For the first stage it would be sufficient one just to ask themselves these questions.

The second major component of the ideal self according to Richard Boyatzis is an image that comes from a person's dreams and fantasies. It also could come from their values and philosophy. It could come from where they are in their lives, life stages or cycles.

The third component is the emotional driver, which emerges from a sense of efficacy, a belief in a person's future, or feasibility about optimism to hope.

Performing self-examining through all these components a teacher is developing a vision, a picture of ideal self. But it is not enough to step on the path to leadership. The next stage is practice or keep walking.

Richard Boyatzis in his course "Inspiring Leadership through Emotional intelligence" suggests writing some notes in response to one or more of the three questions [3]. One is to list the 27 things to do or experience before death. It should be something more detailed than travel. If you put travel, travel where? How long would you like to stay? Are you going on a tour or are you living there?

The second exercise related to a case if you won the lottery, and won $50 million after tax, how would your life or work change?

The third question to answer for practice is, if you were living your ideal life ten to 15 years from now, and somebody had a smartphone and a video stream filming you during one of those days, where would you be? Who would you be with? What would you be doing? What would be ideal? What would you love to be living like? How would you love to be acting? What kind of person would you love to be?

Richard Boyatzis argues that these three exercises are trying to coach someone with compassion, or coach them to inspire some positive emotional attractor. People talk about it being something that makes you feel very excited in a matter of a few moments. People start to get into it and don't want to stop. People start to feel as if something opened up. And sometimes, people talk about it as like a flower opening up, and all of a sudden, you feel this new energy.

In writing up your vision, you should make sure that you cover all your life levels: spiritual health, emotional health, physical health, intimate family relationships with a spouse or partner, with a nuclear family, with your extended family, responsibilities to your community and to people that are important or groups that are important to you, as well as your job and work. To be really effective, a personal vision has to be comprehensive, and very often you don't develop this in isolation [3]. Being generally accepted for everyone this practice could be especially effective for teachers whose part in community is to be a leader and teach their students how to become a leader either internally (for personal life) or externally (for social activity).

Richard Boyatzis states that to practise this way every five or seven years is probably enough. But what you need is your own dream, your own vision.

The Report on The Fall 2014 ASCD Whole Child Symposium states that the process by which each teacher becomes a teacher leader is different and unique depending on a range of factors. It's obviously true. But there is common thing which every teacher leader has – personal vision and practice of developing personal vision. It doesn't depend on cases and factors to make the basic step towards leader path and keep walking on that way.

References

1. Teacher Leadership. The What, Why and How of Teachers as Leaders. A Report on the Fall 2014 ASCD Whole Child Symposium – Virginia; USA, 2015.
2. Richard E. Boyatzis, Kleio Akrivou The ideal self as the driver of intentional change// Journal of Management Development Vol. 25 No. 7, 2006 pp. 624-642
3. https://www.coursera.org/learn/emotional-intelligence-leadership

Матковская А.В.
магистрант
Федотов О.В.
старший преподаватель
ФГАОУ ВПО «Уральский федеральный университет им. первого
Президента России Б.Н. Ельцина»
г. Екатеринбург, Свердловская область

СИСТЕМА ПРОФЕССИОНАЛЬНОЙ ОРИЕНТАЦИИ В ВЫСШИХ УЧЕБНЫХ ЗАВЕДЕНИЯХ РОССИИ: ПРОБЛЕМЫ И ПЕРСПЕКТИВЫ РАЗВИТИЯ

На сегодняшний день квалифицированные кадровые ресурсы значительно влияют на социально – экономическое развитие страны. За последние десятилетия проблема формирование кадрового потенциала становится особенно актуальной, а вопросы профессионального самоопределения личности определяются как ведущие.

Профессиональная ориентация - это широкое понятие, включающие в себя систему, состоящую из комплекса научно обоснованных мероприятий, направленных на формирование сознательного профессионального самоопределения индивида, с учетом особенностей личностных и профессиональных качеств, способностей и склонностей, а также рассматривая востребованность выбранной профессии в обществе и на рынке труда. Помимо этого, чтобы результат профориентации был успешен, необходимо учитывать особенности и характеристики конкретных специальностей, опираясь на профессиограммы, перспективы развития профессии, возможности работать в избранной сфере деятельности, возможности карьерного роста, уровень доходов специалистов выбранного профиля, географию востребованности профессии.

Процесс профессиональной ориентации молодежи в системе образования четко регламентируется нормативными документами Российской Федерации, Федеральными государственными образовательными стандартами, на которые должны опираться школы в разработке образовательных программ младшего, среднего и старшего звеньев обучения, а так же высшее учебные заведения. Таким образом, с нормативной точки зрения в обязанности образовательных организаций входит осуществление деятельности по профессиональному самоопределению, исходя из особенностей личностного и интеллектуального развития школьников, поддержки их возможности получить образование, помочь правильно выбрать профессиональную и карьерную траектории и приобрести умения, востребованные рынком труда. Однако современная система профориентации находится в процессе становления и, чаще всего, не учитывает особенности встраивания данного процесса в систему образования в целом.

Высшее учебное заведение является наиболее компетентной образовательной организацией по формированию профессиональной ориентации молодежи. Система высшего профессионального образования активно и интенсивно влияет на самоопределение молодежи в течении длительного промежутка времени, как до поступления в вуз, так и непосредственно вовремя самого обучения. Однако в настоящий момент отсутствуют общие методологии диагностики профилирования абитуриентов.

Одним из эффективных механизмов трудоустройства молодых специалистов является организация стажировок выпускников организаций профессионального образования. Вместе с тем, опыт работы службы занятости населения в этом направлении показывает, что нередко выпускники организаций профессионального образования отказываются занимать рабочие места, организованные для их трудоустройства по полученной в учебном заведении специальности. Данная ситуация свидетельствует о слабо развитой системе профориентационной работы в школах с учениками и их родителями, вследствие чего молодые люди обучаются в образовательных организациях профессионального образования специальностям, с которыми заведомо не связывают свою будущую трудовую деятельность.

Современная молодежь редко выбирает будущую профессию с учетом собственной профпригодности и востребованности на рынке труда, чаще выбор делается с точки зрения престижа, возможного уровня заработной платы, рекомендаций родителей. Поэтому, после окончания высшего учебного заведения, с дипломом на руках и полной уверенностью в завтрашнем днем, молодые специалисты сталкиваются с проблемой трудоустройства.

Тем самым и обусловлена актуальность проблемы эффективного управления профессиональной ориентации молодежи в системе работы вуза. Необходимо разработать методику/систему профессионального ориентирования для абитуриентов высших учебных заведений и на ее базе создать автоматизированную систему профориентации, которая максимально точно и индивидуально будет помогать школьникам и абитуриентам сориентироваться среди многочисленных внутренних институтов, департаментов, факультетов, кафедр и выбрать свое направление обучения, свою специальность.

Разработка подобной автоматизированной системы, основанной на методике профессионального ориентирования, представляет собой кропотливую многогранную работу большой команды профессионалов и сотрудничество с представителями различных институтов, департаментов, факультетов. Создание такой системы начнется с формирования многочисленных баз знаний из различных разделов педагогики, психологии, социологии, информационных систем, для необходимого набора личностных и профессиональных качеств соответствующим определенному направлению обучения, специальности, институту. Именно точка пересечения индивидуальности абитуриента и профессиональных требований и должна служить основой для выбора будущей специальности.

В процессе реализации данной системы четко сформируются потребности выпускников школ в обоснованном выборе профессии, соответствующего их устремлениям, интересам, способностям и талантам; представление о личностных особенностях; формируется желание развиваться в выбранной сфере и по выбранной специальности, даже в условиях ограниченных возможностей трудоустройства.

Внедрение данной автоматизированной системы профессиональной ориентацией молодежи в работы вуза позволит также скорректировать профессиональное развитие студентов, благодаря чему повышается потребность студентов в получении профессиональных знаний и обеспечивается высокий уровень профессиональной подготовки студентов. А показателем эффективности деятельности профориентации в высшем учебном заведении как оптимально слаженной автоматизированной системы является количество обучающихся и поступающих на работу по профессиям, специальностям, направлениям подготовки, востребованным на рынке труда, а также уровень трудоустройства по выбранной профессии.

Таким образом, решение вопросов профессиональной ориентации молодежи во многом зависит от их самоопределения и выбором профессии в ранней юности, и нисколько ни меньше от длительного и интенсивного влияния высшего учебного заведения на профессиональное становление личности. В этой связи возрастает необходимость эффективной и слаженной системы для совершенствования профессиональной ориентации молодежи внутри вуза.

Список литературы

1. Вишневский, Ю.Р., Шапко В.Т. Социология молодежи: Учебник. - Екатеринбург: ГОУ ВПО УГТУ-УПИ, 2014. 430 с.

2. Вишневский, С.Ю. Актуальные проблемы развивающейся социологической концепции призвания. Екатеринбург: УрФУ. 2015.

3. Вишневский, Ю. Р. Гражданская культура студентов. Тенденции и проблемы формирования / Ю. Р. Вишневский, Д.В. Трынов, В.Т. Шапко // Социс: социол. Исслед. 2015. - № 4.

4. Вишневский, Ю.Р. Исследование проблем профессионального самоопределения студенчества Свердловской области / Ю.Р. Вишневский, Л.Н. Банникова, Я.В. Дидковская // Университетское управление: практика и анализ. 2014. - № 2.

Хайдарова Н., Абилов М., Абдурахимов А.
старшие преподаватели
ДГПИ

ЗАДАЧИ ИЗУЧЕНИЯ НАРОДНОГО НАСЛЕДИЯ В МУЗЫКАЛЬНОМ ОБРАЗОВАНИИ

Национальное возрождение в сегодняшнем дне, открыло новую историю в независимом Узбекистане. В очень короткий период в стране произошли большие изменения в экономике в духовно- просветительских сферах.

Президент И.А.Каримов вместе с социально-экономическими политическими задачами, уделяет большое внимание развитию молодого поколения; культуре, науке, искусству и спорту. История развития узбекской народной музыкальной культуры очень древняя. В историческом развитии музыкальной культуры мы видим, что народная классическая музыка, традиционная профессиональная музыка, народное творчество, фольклор, тесно связаны с собой по замыслу и дополняют друг друга. В сегодняшнем дне наше национальное наследие занимает большое место в духовной и музыкальной культуре.

В независимой Республике нашей страны уделяется большое внимание народной классической музыке, макомам и профессиональной музыке.

Задача нашей Республики оберегать национальное наследие оставшееся от наших отцов и дедов, и бережно сохранить музыкальную культуру нашего народа. Наше народное музыкальное наследие оставшиеся от наших предков является большим идейным народным духовным богатством.

Мы знаем, что национальное музыкальное наследие очень богато и является зеркалом народной жизни. Поэтому народное наследие в разные времена является воспитанием и находится в центре внимания учёных, философов, поэтов и педагогов. Узбекское народное творчества многогранно и разнообразно. В узбекском народном творчестве особое место занимают трудовые, сезонные, героические песни, а также поэмы-дастаны, классика, макомы и так далее. Эти песни развивались и исполнялись уже много лет, исполняются и посей день. Народная музыка по природе является синтетической музыкой. В народной музыке объединяются несколько видов деятельности, тесно связанные с жизнью народа. В фольклоре отображается жизнь и традиции народа, семейный традиции, народные гуляния, праздники и многое другое.

История нашего народа имеет огромное значение. В традиционной народной музыке отображается жизнь и быт нашего народа история, национальные традиции.

За годы независимости в Узбекистане в сфере культуры, науки, образования произошли большие изменения. Особо должное внимание уделяется народной музыке и его наследию в воспитании подрастающего молодого поколения. Молодое поколение обязано знать народные песни, фольклор, макомы и классическую музыку.

В государственном стандарте большое внимание уделено народному наследию. В общеобразовательной школе на уроках музыки, делая анализ, можно отметить, что изучая народные песни, макомы и фольклор большое внимание уделяется его исполнению, прослушанию. Развивая у детей любовь к искусству и к народному наследию, педагог ставит большие задачи [2]:

1 . Привить любовь к народной музыке.

2. Знание выдающихся народных певцов исполнители, композиторов.

3.Уметь исполнить фольклор, макомы традиционные народные песни.

4. Создание народных, фольклорных, групп на базе общеобразовательной школы (старших и младших классов)

Любое искусство, которое не имеет своих национальных корней, не может достичь совершенства и любви народа. Великий русский композитор М.И.Глинка сказал «Музыку создаёт народ, мы ей даем лишь окраску» [4, 12].

Нам известно, что программа данная для (5-6-7классов) общеобразовательной школы на ряду с современной музыкой как хор, оркестр, симфонический оркестр, опера, балет также большое внимание уделяется узбекской народной классической музыке. В программе ясно и определенно даны сведения о музыкальных жанрах, его структуре, форме, которые вызывают у учащихся интерес и понятие. Поэтому в старших классах, прежде чем исполнить музыкальные произведения, надо, сначала прослушать, сделать анализ и показать его исполнение. Для этого в общеобразовательных школах с 1 по 7 классах надо создать музыкальную фонотеку по данной программе [3, 24].

Музыкальное воспитание и обучение должно осуществляться не только на уроках музыке, а также в музыкальных кружках, в детских самодеятельных ансамблях. Занятия в кружках ведутся взаимосвязано с программой, данной в школе.

Учащиеся должны знать народную музыку его исполнителей. Народная музыка развивает учащимся эстетический вкус, и является воспитателем музыкального обучения.

Используемая литература

1. Каримов И. Юксак маънавият енгилмас куч. Тошкент, Маънавият, 2008 йил.

2. Кудратов И. Талабаларни халк кўшиклари воситасида эстетик тарбиялаш. Тошкент, Фан, 2009 йил.
3. Файзуллаев Э. Бўлажак мусика ўкитувчилари бадиий дидини шакллантиришда ўзбек мусикаси имкониятларидан фойдаланиш. Тошкент, Фан ва технологиялар маркази босмахонаси. 2008 йил.
4. Соипова Д. Мусикий ва мусикий назарий билимларни ўзлаштириш жараёнини такомиллаштириш. Тошкент, Фан ва технологиялар маркази босмахонаси, 2005 йил

Узунова Е.Н.
учитель средней школы №9 г.Семей
Республика Казахстан
Абдрахманова Р.Р.
доцент кафедры физики
Государственного университета имени Шакарима г.Семей
Республика Казахстан

ДИДАКТИЧЕСКИЕ ИГРЫ КАК СПОСОБ АКТИВИЗАЦИИ ПОЗНАВАТЕЛЬНОЙ ДЕЯТЕЛЬНОСТИ ШКОЛЬНИКА

В условиях стремительного роста научных знаний, их повсеместного внедрения в производство перед школой стоит задача вооружить своих воспитанников системой прочных знаний и умениями самостоятельно пополнять их и развивать свои познавательные способности.

В практике работы школы накоплен немалый опыт активизации познавательной деятельности учащихся при обучении физике [1,63-68]. Но нередко случается так, что описанный в литературе метод или отдельный прием не дает ожидаемых результатов. Возможная причина в том, что у каждого конкретного класса свой опыт познавательной деятельности и свой уровень развития. Кроме того, меняется ситуация, окружающий мир, а вместе с ними и интересы детей. Поэтому проблема активизации познавательной деятельности будет существовать во все времена.

Развитие познавательных творческих способностей учащихся - цель деятельности учителя, а применение различных приемов и методов активизации является средством достижения цели. Но одновременно необходимо оценивать уровень оптимальности используемых приемов и методов, анализировать их соответствие задачам дальнейшего совершенствования познавательных умений учащихся. Применяя те или иные методы и приемы активизации, необходимо их дифференцировать с учетом реального уровня развития познавательных способностей учащихся, укрепляя их веру в свои силы и способности. Система работы учителя по активизации учебной деятельности школьников должна строиться с учетом планомерного постепенного и целенаправленного достижения поставленной цели - развития познавательных творческих способностей учащихся. В процессе познавательной деятельности учащийся слушает объяснение учителя, читает учебник и дополнительную литературу, решает задачи, выполняет экспериментальные задания и т.д.

Понимание учащимися сообщаемого материала способствует усвоению знаний, содействуя развитию их мышления, познавательных способностей, является предпосылкой для самостоятельного решения познавательных задач, первой ступенью познавательной активности. В процессе понимания школьник усваивает опыт проведения логических рассуждений, анализа, синтеза, абстракции и обобщения, опыт выполнения различных умственных действий (сравнения, противопоставления, сопоставления, классификации, определения и т.д.). Повторяя рассуждения учителя, учащийся постигает приемы мыслительной деятельности.

В процессе познавательной деятельности учащиеся должны уметь самостоятельно анализировать изучаемые объекты, сравнивать их свойства, сравнивать результаты отдельных опытов, строить обобщенные выводы, выполнять классификацию, доказательства, объяснения, выявлять экспериментальные зависимости и т.д. Поэтому учитель, организуя мыслительную деятельность учащихся, должен подбирать такие задания, которые предусматривали бы выполнение одного из указанных умственных действий или их различную совокупность. Чтобы обучение в максимальной степени способствовало развитию учащихся, предлагаемые учителем задания должны несколько опережать их уровень развития, находиться в зоне их ближайшего развития. Одним из средств пробуждения и поддержания познавательного интереса является создание в ходе обучения проблемных ситуаций и активизация на их основе активной поисковой деятельности учащихся. При создании проблемных ситуаций учитель противопоставляет новые факты и наблюдения сложившейся системе знаний и делает это в острой, противоречивой форме. Вскрывающиеся противоречия служат побудительным мотивом учебной деятельности. Они порождают стремление понять суть, раскрыть противоречие. В этом случае активная поисковая деятельность учащихся поддерживается непосредственным внутренним интересом. Игра, учение, труд – основные виды деятельности человека. Игра готовит и к учению, и к труду, ошибочно представлять игру лишь как забаву и развлечение. Дидактические игры могут быть использованы на уроках физики в целях развития познавательных интересов учащихся и повышения эффективности обучения. Они должны быть разнообразными как по содержанию предлагаемого материала, так и по форме проведения. Дидактические игры могут быть использованы при опросе учащихся, закреплении изученного материала, выполнении домашнего задания. Так, одной из форм домашнего задания может быть подбор материала для различных физических игр, в частности, для составления кроссвордов, чайнвордов, головоломок, ребусов. Положительные результаты дает создание занимательной ситуации на уроках физики [2,42]. Занимательный материал должен привлекать внимание школьника постановкой вопроса и направлять мысль на поиск ответа. Используя на уроке занимательный материал или советуя его прочесть, учитель должен поставить вопрос: «Как?», «Почему?», «Отчего?», тогда занимательный материал не станет развлекательной иллюстрацией к уроку, а вызовет познавательную активность учащихся, поможет им выяснить причинно-следственные связи. Примером такого вида занимательных материалов и заданий могут быть рассказы-загадки, задачи-шутки, кроссворды по пройденной теме, рассказы и картинки с ошибками, некоторые виды дидактических игр [3,53-60]. При использовании занимательного материала необходимо учитывать возрастные особенности учащихся, уровень их интеллектуального развития. В любом случае такой материал не должен быть слишком лёгким. Использование занимательности требует минимальных временных затрат, но должно внести яркий, эмоциональный всплеск в урок. Как показывает опыт, разумнее привести на уроке один-два примера, чем перечислять ряд интересных и эффектных фактов, которые своей многочисленностью отодвинут решение поставленной учителем задачи. Не менее эффективно использование качественных задач – мини-рассказов, задач с бытовым и производственным содержанием, тестовых занимательных задач, практических работ творческого характера типа «Познай себя». С интересом учащиеся выполняют оценочные практические работы, подобные заданию: «определите свой рост, используя часы». Привлекают внимание и побуждают к активному обсуждению «Опыты-фокусы на уроках и после…». Если традиционный демонстрационный опыт, выполняемый учителем, школьник обычно осмысливает сразу, то «фокус», как правило, ставит его в тупик. Для осмысления требуется внимательность и наблюдательность, раздумья. Разгадывая «секрет фокуса», учащийся развивает свои умственные способности, начинает применять знания в незнакомой жизненной ситуации.

Литература

1.Селиверстова Е.Н. Развивающая функция обучения: опыт дидактической концептуализации: моногр./Е.Н. Селиверстова.- Владимир, 2006.-218с.
2.Шамало Т.Н. Теоретические основы использования физического эксперимента в развивающем обучении.- Свердловск, 1996. 96с
3. Ланина И.Я. 100 игр по физике. М.: Просвещение, 1995, 224с

Логинова О.В.
магистрант факультета коррекционной педагогики
группа ЗФ-206/173-2-1
Щербак С.Г.
кандидат педагогических наук, доцент кафедры
специальной педагогики, психологии и предметных методик
Челябинский государственный педагогический университет

ОСОБЕННОСТИ ФОРМИРОВАНИЯ САМОКОНТРОЛЯ ПИСЬМЕННОЙ РЕЧИ У ДЕТЕЙ МЛАДШЕГО ШКОЛЬНОГО ВОЗРАСТА

FEATURES OF FORMATION OF SELF-WRITTEN SPEECH IN CHILDREN OF PRIMARY SCHOOL AGE

Аннотация: В статье рассматривается диагностическое направление формирования самоконтроля письменной речи у детей младшего школьного возраста. Представлены результаты изучения формирования самоконтроля письменной речи детей с общим недоразвитием речи.

Ключевые слова: письменная речь, самоконтроль, процесса письма, уровень сформированности самоконтроля.

Key words: written speech, self-control, the process of writing, the level of development of self-control.

В современных исследованиях большое влияние уделяется изучению структурных операций письменно-речевой деятельности, а так же развитию базовых психических процессов и функций, влияющих на её становление (Алтухова Т.А., Корнев А.Н., Лалаева Р.И., Лурия А.Р., Левина Р.Е.).

В глобальном смысле понятие письменная речь представляет собой особую систему символов знаков, владение которой означает критический, поворотный момент во всём культурном развитии ребёнка [3,8].

В психологии письменная речь рассматривается как одна из форм существования языка, вторичная, более поздняя по времени ее возникновения, чем устная речь (Выготский Л.С., Эльконин Д.Б. и др.).

Строение письменной речи выражается в сложной многоуровневой структуре, которая имеет три уровня (психологический, психофизиологический и лингвистический), каждый из них реализуется за счет работы различных отделов коры головного мозга (А.Р. Лурия, Л.С. Цветкова).

В психологическом аспекте письменная речь определяется как компонент других видов деятельности, в ходе которой решаются задачи программного построения письменного высказывания и обеспечения функции контроля за выполняемыми действиями. Психологический уровень осуществляется на уровне работы лобных отделов головного мозга (Алтухова Т.А., Лурия А.Р., Лалаева Р.И., Хватцев М.Е.).

Речевой самоконтроль является неотъемлемым компонентом процессов восприятия и порождения речи и имеет определяющее значение для развития самостоятельной речевой деятельности учащихся. Самоконтроль сопровождает любое высказывание, его роль особенно заметна в таком нормированном и кодифицированном виде речи, как письменная.

Изучение контролирующих действий учащихся с точки зрения воспитания самоконтроля привели ученых к выводу о прямой зависимости между степенью самостоятельности школьников в учебной деятельности и уровнем развития самоконтроля, успешностью письменной речи и уровнем готовности к самоконтролю (Е. Я. Голант, Б. П. Есипов, М. Н. Скаткин, П. И. Пидкасистый).

Самое общее определение самоконтроля рассматривается с позиции функционального подхода к нему, в соответствии с которым что бы ни являлось объектом самоконтроля, в какую бы сферу психических явлений ни оказался он вовлеченным, его функция носит проверочный характер и заключается в установлении степени совпадения того, что должно быть, с тем, что еще только может быть или фактически уже имеет место [4,20].

Назначение самоконтроля заключается в своевременном предотвращении или обнаружении уже совершенных ошибок (В.В. Чебышева, В.И. Страхов, Л.Б. Ительсон).

В современной психолого-педагогической литературе самоконтроль определяется как осознание и оценка субъектом собственных действий, психических процессов и состояний.

Он выступает как условие адекватного психического отражения человеком своего внутреннего мира и окружающей его объективной реальности. Функция самоконтроля носит проверочный характер и заключается в установлении степени совпадения между эталоном и контролируемой составляющей.

В методических работах Д. Н. Александрова, М. Е. Брейгиной, Д. Р. Джумановой, И. А Зимней, М. Д. Рыбакова и др. самоконтроль рассматривается как органичный компонент любого умения и навыка, важное средство создания «иммунитета» против ошибок в любом виде деятельности, в том числе, в письменно-речевой деятельности.

Изучение процесса письма у детей младшего школьного возраста было проведено с целью выявления уровня сформированности самоконтроля этого вида деятельности на основе методических рекомендаций У.В. Ульенковой, Е.Н.Российской, Т.А. Алтуховой и Л.С. Цветковой.

На базе общеобразовательной школы № 10 г. Коркино Челябинской области было проведено изучение самоконтроля у детей младшего школьного возраста. В обследовании приняли участие 30 детей (10 детей с нормальным речевым развитием и 20 детей с общим недоразвитием речи в возрасте 8 лет).

Исследовании контроля и самоконтроля письма проводилось по следующим параметрам: состояние сформированности психических процессов (произвольное внимание, память), определение уровня сформированности самоконтроля.

В результате обследования было выявлено, что у всех детей с нормальным речевым развитием 10 учеников (33%) отмечается I уровень сформированности самоконтроля. Дети воспринимали задания полностью, во всех компонентах сохраняли его до конца занятия; работали сосредоточенно, не отвлекались на протяжении всего занятия; работали в основном точно, если и допускали отдельные ошибки в соблюдении того или иного правила, то при проверке замечали и самостоятельно устраняли их; не спешили сдать работу сразу же после сигнала об окончании, а еще раз проверяли написанное, в случае необходимости вносили поправки; делали все, чтобы работа была выполнена не только правильно, но и выглядела аккуратной, красивой.

У 20 детей (67%) с общим недоразвитием речи был выявлен II ,III, IV уровень сформированности самоконтроля, что ведёт к множественным ошибкам на письме.

Из них у 6 учеников (20%) отмечался II уровень сформированности самоконтроля. Ученики воспринимали задание полностью, по ходу работы допускали немногочисленные ошибки на те или иные правила, но не замечали и не устраняли их; не устраняли ошибки и в специально отведенное для проверки время в конце занятия, ограничивались лишь беглым просмотром написанного; качество оформления работы его специально не заботило, хотя общее стремление получить хороший результат у них присутствовало.

У 5 учеников (17%) отмечался III уровень сформированности самоконтроля, ученики воспринимали лишь часть инструкции. В процессе работы допускали ошибки не только по невнимательности, но прежде всего потому, что не применяли орфографические правила при выполнении задания; своих ошибок не замечали, не исправляли их ни походу работы, ни в конце занятия; после сигнала об окончании работы не проявляли желания улучшить ее качество; к полученному результату индифферентны.

И у 9 учеников (30%) отмечался IV уровень сформированности самоконтроля, ученики воспринимали лишь небольшую часть инструкции и почти сразу ее теряли. В процессе письма, ошибок не замечали и не исправляли; не использовали время, данное для проверки в конце занятия; после сигнала об окончании сразу же оставляли работу без внимания; к качеству выполненной работы были равнодушны.

С целью выявления причин нарушения самоконтроля нами были изучены следующие психические процессы: объём памяти, произвольное внимания.

Анализ результатов изучения психических процессов показал, что у детей с нормой речевого развития, имеется высокий уровень концентрации и устойчивости произвольного внимания, они внимательно слушают задания, переключаются с одного задания на другое сразу по команде, объём слухоречевой памяти в норме.

При анализе в письменных работах этих детей были выявлены единичные орфографические ошибки, обусловленные недостаточным знанием правил, данные ошибки не являются дисграфическими.

Анализ результатов исследования психической процессов у детей с общим недоразвитием речи показал, что у всех обследованных детей отмечается несформированность высших психических функций: снижение объёма слухоречевой памяти, снижена концентрация и устойчивость произвольного внимания.

Анализ письменных работ детей с общим недоразвитием речи показал, наличие у детей множественных дисграфических ошибок: оптические ошибки, пропуск гласных, замены звуков, смешение звуков по оптическим характеристикам, аграмматизмы (неправильное употребление падежей, предлогов), кроме того встречались орфографические ошибки.

Таким образом, у детей с общим недоразвитием речи отмечаются следующие нарушения самоконтроля письменной речи:

- отсутствие умения сосредоточиться на задании, ориентироваться в нем, анализировать задание, часто не понимают задание и поставленный вопрос;
- отсутствие умения планировать свои действия и выполнять их в определенной последовательности;
- отсутствие умений отслеживать правильность выполнения задания;
- отсутствие самокорректировочной деятельности: ошибки на письме не замечают, исправляют лишь некоторые;
- отсутствие потребности в самоконтроле, способности оценить результаты своей деятельности.

Так же одной из основных причин нарушения формирования самоконтроля является, недостаточное развитие произвольного внимания, как одной из важнейших психической функции.

Полученные в ходе эксперимента результаты указывают на необходимость формирования самоконтроля письменной речи у детей младшего школьного возраста с общим недоразвитием речи, как один из способов коррекции дисграфий.

Список литературы

1. Выготский Л. С. Предыстория письменной речи [Текст] /Антология гуманной педагогики. Л. С. Выготский. - М.: Издательский дом Шалвы Амонашвили, 1996. - 222 с.

2. Корнев А.Н. Нарушения чтения и письма у детей: [Текст] /Учебно-методическое пособие. - СПб.: МиМ, 1997.-286 с.

3. Лалаева Р.И. Выявление дизорфографии у младших школьников [Текст] / Р.И. Лалаева, И.В. Прищепова: - СПб.: СПбГУПМ, 1999. - 36 с

4. Лурия А. Р. Очерки психофизиологии письма. [Текст] М.: Изд-во АПН РСФСР, 1950, 84 с.

5. Российская, Е.Н. Методика формирования самостоятельной письменной речи у детей [Текст] / Е.Н. Российская. - Изд. 2-е. - М.: Айрис пресс: Айрис дидактика, 2005. - 230, с.: ил. - (Библиотека логопеда-практика).

6. Ульенкова У.В. Методика «Изучение саморегуляции». -1994

7. Л.С. Цветкова. Методика нейропсихологической диагностики детей. [Текст] / Изд. 2-е, исправленное и дополненное. - М.: "Российское педагогическое агентство", "Когито-центр", 1998. - 128 с.

Щербань А.О.
«Техспецстрой», инженер-конструктор
sherbanalina@gmail.com

ЧЕЛОВЕЧЕСКИЙ ФАКТОР

В данной статье рассмотрены определения термина «человеческого фактора» с точки зрения психологии, социологии, экономики и юриспруденции. Важность человеческого фактора в процессах жизнедеятельности, зачастую, опускаются и его преподносят как свободный независимый коэффициент в уравнении регрессии. Ввиду того, что XX-XXI ознаменованы развитием искусственного интеллекта и информационных технологий, а так же развитием экономических наук и наноиндустрии, основным направлением деятельности которых является взаимодействие с человеком, то обоснование человеческого фактора, предположим, как критерия промышленной безопасности, позволит максимально обезопасить связь «человек-машина», связь «человек-человек» и связь «человек – искусственный интеллект».

Человеческий фактор с точки зрения психологии

Согласно оксфордскому толковому словарю по психологии (под редакцией А. Ребера, 2002 год), человеческий фактор – это генетический термин, чаще всего используемый в качестве названия профессиональной специальности, которая исследует так называемую систему "человек-машина". Основное внимание обычно сосредоточивается на проблемах восприятия, психофизики, принятия решений и других аспектах обработки информации. Этот термин, однако, также употребляется иногда для обозначения тех элементов ("факторов"), которые являются важными для этой специальности, включая оборудование, физическую среду, задачи и индивидов, выполняющих работу. Так же оксфордский словарь предлагает изучение индустриальной (организационной) психологии, рассматриваемой как широкая область научных изысканий, где человеческий фактор является разделом исследования [1, 15].

Отечественные ученые и ученые постсоветского пространства так же изучают это явление, например белорусский ученый С.Ю. Головин в своем словаре практического психолога дал следующее определение человеческого фактора:

1.В широком смысле - понятие, используемое в социально-экономических дисциплинах для характеристики комплекса факторов, оказывающих определяющее влияние на эффективность общественного производства, связанных с мотивацией, системой ценностей, материальными и духовными условиями существования человека.
2.В узком смысле - понятие, означающее интегральные характеристики связи человека и технического устройства, проявляемые в конкретных

условиях их взаимодействия при функционировании системы эргатической.

При определении и выделении фактора человеческого используются фундаментальные знания специальных наук о каждой из компонент системы. Но характеристики и свойства, фиксируемые в этом понятии, - это не изолированные признаки компонент системы эргатической, а ее совокупные системные качества, в наибольшей степени определяемые положением и функциями человека в системе.
3. Выражение, означающее в США область знания и профессию, определяемые в Европе термином эргономика. Возникло в результате буквального перевода и сокращения американского выражения "инженерия человеческих факторов" (human factors engineering). [2, 11]

А российские ученые предлагают следующую интерпретацию человеческого фактора - психологические и другие характеристики человека, его возможности и ограничения, определяемые в конкретных условиях его деятельности. КЧ. ф. относятся, напр., настроения и чувства людей, их привычки, социальные установки, ценностные ориентации, стереотипы индивидуального и группового поведения, способности, склонности и мотивы, субъективное отношение личности к окружающей действительности, межличностные отношения, психологический климат в коллективе, психологические барьеры и многие другие, большей частью психологические явления, возникающие в процессе деятельности людей и их общении друг с другом. [3, 38]

Человеческий фактор с точки зрения социологии

По российской социологической энциклопедии (под редакцией академика РАН Г.В. Осипова, 1998) человеческий фактор интерпретируется как наиболее широкое и общеупотребительное обозначение всей совокупности свойств работника как соцальной категории (квалификация, мотивы поведения, интересы, сознание, культура и др.). Употребляется в сопоставлении с техническими, экономическими факторами производства в связи с указанием на необходимость учета его специфики, путей использования и т. д. [4, 56]

А по словарю терминов по общей и социальной педагогике Воронина А.С. (2006 год), человеческий фактор представлен, как в широком смысле понятие, используемое в социально-экономических дисциплинах для характеристики комплекса оказывающих определяющее влияние на эффективность общественного производства факторов, связанных с мотивацией, системой ценностей, материальными и духовными условиями существования человека; в узком смысле интегральные характеристики связи человека и технического устройства, проявляющиеся в конкретных условиях их взаимодействия при функционировании эргатической системы. [5, 16]

Человеческий фактор с точки зрения экономики

Согласно энциклопедии «Глобальная экономика» (под редакцией Кулякова и Рябовой), человеческий фактор – это 1) совокупность анатомо-морфологических, физиологических и психологических особенностей человека, оказывающих влияние на эффективность его деятельности в система «человек – среда» или ограничивающих эту деятельность; 2) специфическое обозначение функционирования человека в системе социальных, экономических, производственных, научно-технических, организационно-управленческих и др. отношений; все, что относится к человеку как к субъекту деятельности в разных сферах общественной жизни. [6, 29]

А из белорусского энциклопедического справочника «Аграрная экономика. Термины и понятия» человеческий фактор в экономике — это совокупность профессионально-квалификационных, гражданских, морально-этических, культурных и других качеств человека, характеризующих его как личность и имеющих решающую роль в его производственной деятельности. Человек как носитель рабочей силы воплощает гамму общественных отношений и личных качеств, существенно влияющих на его потребности, интересы и мотивы к труду, его отношение к работе и ответственность за результаты производства. Активность человеческого фактора является решающей в общественном производстве, от него в конечном счете зависит состояние и функционирование производительных сил общества, включая создание и использование вещественного фактора производства. [7, 34]

Человеческий фактор с точки зрения юриспруденции

По энциклопедическому словарю «Гражданская защита» (автор – Ю.Л. Воробьев и др., под общей редакцией С.К. Шойгу, 2005 год), человеческий фактор определен как: 1) психологические и др. характеристики человека, его возможности и ограничения, определяемые в конкретных условиях его деятельности; 2) причина несчастного случая, аварии, происшествия в результате неправильных действий человека. [8, 17]

Российская энциклопедия по охране труда утверждает, что человеческий фактор - комплекс психо-физиологических особенностей человека (восприятие информации, принятие решений, психологические установки и т. п.) и его социальных ролей, играющий важную роль в промышленной безопасности и охране труда. [9, 23]

Подытоживая все вышесказанное, можно провести сбор тезисов из определений в единое целое и постараться дать собственное определение человеческому фактору:

Человеческий фактор – это генная совокупность социально-экономико-психологических характеристик индивида, связанная с внешним воздействием его на окружающую среду путем создания синаптических связей между окружающими факторами и нервной системой индивида, проявляющееся в качестве основного инстинкта самосохранения, реализаторами которого являются подсознательный страх перед возможными последствиями действия или бездействия индивида, а так же приводящее в действие скрытые потенциал и характеристики индивида в различных (производственных, межличностных и т.д.) отношениях и ситуациях; основан на индивидуальной генном коде и является уникальным для каждого индивида.

Источники литературы:

1. Оксфордский толковый словарь по психологии/Под ред. А.Ребера,2002 г.;

2. С.Ю. Головин. Словарь практического психолога, Минск.: Харвест, 1998 г.;

3. Душков Б.А., Королев А.В., Смирнов Б.А. Энциклопедический словарь: психология труда, управления, инженерная психология и эргономика, 2005 г.;

4. Российская социологическая энциклопедия/ Под общей редакцией академика РАН Г.В.Осипова, 1998;

5. Воронин А.С. Словарь терминов по общей и социальной педагогике, 2006 г.;

6. Глобальная экономика. Энциклопедия под ред. И. М. Куликова, Т.Ф. Рябовой. – М. Финансы и статистика, 2011.;

7. Аграрная экономика термины и понятия энцикл. справ. В. Г. Гусаков, Е. И. Дереза. — Минск Белорус. наука, 2008 г.;

8. Гражданская защита. Энцикл. словарь [Ю.Л. Воробьёв и др.]; под общ. ред. С.К. Шойгу; МЧС России, 2005 г.;

9. Российская энциклопедия по охране труда. В 3 т.Под ред. В. К. Варова, И. А. Воробьева, А. Ф. Зубкова, Н. Ф. Измерова, и др.,2006 г.

Булатов В.В.
студент 3-го курса факультета управления
ФГБОУ ВПО «Кубанский государственный аграрный университет»,
г. Краснодар, Россия
E-mail: vladb95@yandex.ru
Луговский В.А.
доктор исторических наук, профессор КГАУ,
заведующий кафедрой педагогики и психологии
ФГБОУ ВПО «Кубанский государственный аграрный университет»,
г. Краснодар, Россия
E-mail: vladimir2451016@yandex.ru

ВЗАИМОСВЯЗЬ МЕТОДОВ УПРАВЛЕНИЯ В ПРОЦЕССЕ РУКОВОДСТВА

Методы управления – способы реализации функций управления, устанавливающие ответственность работника за невыполнение или недостаточно эффективное выполнение своих функций и обязанностей. Методы управления выбираются и используются в зависимости от масштаба управления, его целей, качества персонала, сложившейся социально-экономической обстановки и реального наличия тех или иных средств и инструментов управления.

Традиционная общепринятая классификация группирует методы управления по характеру воздействия на административные (или организационно-распорядительные), экономические и социально-психологические [1]. Данное деление можно считать условным, так как достаточно трудно четко разграничить каждый из методов: они взаимно дополняют друг в друга и имеют много общих черт. В то же время, их разграничение по способам воздействия на объект управления, пусть и условное, позволяет рассматривать каждый из этих методов в отдельности.

Административные (организационно-распорядительные) методы управления – совокупность способов и средств воздействия на объект управления, главной особенностью которых является прямое воздействие руководителя на подчиненных, выраженное в форме соответствующих нормативно-правовых актов (указы, распоряжения и т.д.), которые носят обязательный характер. Деятельность по управлению невозможна без разумного применения административных методов управления, с помощью которых формируются основные системы управления в виде устойчивых связей и отношений персонала с руководством, а также положений, регламентирующих права и обязанности отдельных подразделений или работников. Методы административного воздействия опираются на власть руководителя и представляют собой, по сути, методы властной мотивации, опирающиеся на реальное принуждение или на возможность принуждения сотрудников к выполнению конкретных действий, направленных на достижение определенной цели.

Экономические методы управления – совокупность способов и средств воздействия на объект управления, основывающиеся на использовании экономических стимулов, предусматривающих заинтересованность и ответственность персонала за последствия принимаемых решений и побуждающих работников добиваться выполнения поставленных задач без особых на то указаний. Сущность экономических методов состоит в том, чтобы путем воздействия на экономические интересы работников через систему оплаты труда, кредитов, материальных поощрений и других экономических рычагов создать эффективный механизм работы. При использовании экономических методов начинают результативно функционировать обратные связи, появляется возможность более эффективного контроля. Система управления на предприятии избавляется от необходимости преодолевать инертность персонала в реализации новых задач, управляемые процессы становятся более гибкими и адаптивными, пропадает нужда в постоянном административном контроле. Распространение экономических методов обычно сочетается с относительным обособлением отдельных подразделений и повышением уровня саморегулирования.

Административные и экономические методы управления имеют много общего, и в практике управления они обычно дополняют друг друга. Как правило, административные решения – это не просто некие директивы, а решения, обоснованные с точки зрения их экономической целесообразности, в то же время экономические меры воздействия нередко применяются в рамках осуществления тех или иных административных постановлений.

Социально-психологические методы управления – совокупность способов и средств воздействия на объект управления, основанные на мотивации, потребностях и интересах личности и коллектива, на их профессиональных связях и общении. Сущность социально-психологических методов состоит в том, чтобы путем воздействия на неэкономические интересы работников создать эффективный механизм работы. Данные методы предполагают использование моральных и эмоциональных стимулов для воздействия на личность и коллектив, поддержание положительного микроклимата в трудовом коллективе, применение комплексной системы мотивирования персонала и других приемов воздействия на психологические установки и эмоциональную сферу психики работников. Современная деятельность по управлению невозможна без широкого применения социально-психологических методов управления, которые всегда дополняют как административные (организационно-распорядительные), так и экономические методы управления.

Невозможно научить тому, как именно нужно управлять, какими конкретно критериями руководствоваться: управление так или иначе можно считать искусством, и всегда следует учитывать её ситуативный аспект. Неудивительно, что методика управления особенно популярна была в советские годы, когда цели и задачи у всех были почти одни и те же, и определялись единым партийным руководством. В советской теории управления, которая определила и классифицировала методы управления на основе средств и способов воздействия на объект управления, основным средством управления выступала власть как некая данность, но не как процесс. Советские теоретики, как правило, не учитывали социально-психологическую составляющую управления и исходили лишь из экономической целесообразности производства, но складывающейся не из естественной рыночной потребности, а продиктованной директивами партийного руководства.

Власть же, однако, имеет свои источники, основными из которых по М. Веберу являются материальные и денежные ресурсы, легитимное право на управление, а также личностные харизматические характеристики лидера [2]. С помощью этих источников субъект управления имеет возможность воздействовать на объект для достижения поставленных целей, причем каждый из них взаимно дополняет друг друга, поскольку отдельное их использование иррационально и нелогично. Иными словами, предприятию недостаточно лишь сформировать эффективную систему оплаты труда, не организовав при этом должного документооборота и не учитывая интересы и устремления самих сотрудников этого предприятия. Методы управления должны иметь двустороннюю направленность, и фактор обратной связи с персоналом в этом случае выступает ключевым в построении эффективной системы управления на предприятии. Поэтому в выборе и реализации методов управления огромную роль играет постоянное изучение работников и тесная взаимосвязь руководства с персоналом. Каждый исполнитель имеет свои личностные особенности, и учет таких характеристик может стать одним из факторов повышения эффективности функционирования всего предприятия в целом.

Литература:

1. Теория управления: Учебник / Под общ. ред. А.Л. Гапоненко, Т 11 АЛ. Панкрухина. - М.: Изд-во РАГС, 2013. - 558 с.

2. Мухаев Р.Т. Политология. Конспект лекций: учебное пособие. – Москва: Проспект, 2013. – 224 с.

3. Виханский О.С., Наумов А. И. Менеджмент: Учебник. — 3-е изд. — М.: Гардарики, 2013. — 528 с.

Свитенко О.В.
кандидат сельскохозяйственных наук, Кубанский государственный
аграрный университет
Сердюченко И.В.
кандидат ветеринарных наук, Кубанский государственный
аграрный университет

МЯСНАЯ ПРОДУКТИВНОСТЬ БЫЧКОВ ГОЛШТИНКОЙ И СИММЕНТАЛЬСКОЙ ПОРОДЫ

Целью наших исследований было изучение мясной продуктивности чистопородных бычков голштинской и симментальской породы.

Для научно-хозяйственного опыта после отела коров было отобрано 30 голов бычков-аналогов, которые были распределены на две группы по 15 голов в каждой. В контрольную группу вошли чистопородные голштинские бычки, в опытную группу их сверстники симментальской породы. Животные были клинически здоровы, имели хороший аппетит.

Интенсивность роста и развития подопытных бычков изучали в процессе всего периода опыта от момента рождения до 18-месячного возраста.

В ходе опыта изучались изменение живой массы подопытных бычков в следующие возрастные периоды: при рождении, в 6 месяцев, в 12 месяцев, в 15 месяцев, и в 18 – месячном возрасте[5, 230].

Динамика живой массы бычков была прослежена по результатам ежемесячных взвешиваний бычков, до утреннего кормления животных.

Находясь в одинаковых условиях кормления и содержания, подопытные животные росли неодинаково. Результаты контрольных взвешиваний представлены в таблице 1.

Таблица 1 - Динамика живой массы подопытных бычков (M ± m),кг

Возраст, мес.	Группы	
	контрольная	опытная
При рождении	29,8±0,32	31,4±0,37
3	100,5±1,1	103,6±1,5
6	179,7±1,5	182,2±2,2
9	262,7± 4,3	271,7±3,3
12	330,4±3,6	344,5±3,9
15	416,9±4,2	432,7±4,7
18	484,1±4,7	504,6±4,4

Данные, представленные в таблице свидетельствуют о том, что в динамике живой массы подопытных бычков имеются существенные различия.

Рассматривая живую массу подопытных животных в возрасте 6 месяцев, мы видим, что по этому показателю бычки опытной группы превышали сверстников контрольной на 3,1 кг. В следующем возрастном периоде (9 мес.) более высокая живая масса также оказалась у сверстников опытной группы, она составила 271,7 кг.

В остальные возрастные периоды сохраняется примерно такая же закономерность по изменению живой массы, как и в предыдущие периоды.

Изучая живую массу подопытных животных по завершению откорма в возрасте 18 месяцев, установили, что наиболее высокой она была у бычков опытной группы и составляла 504,6 кг. Сверстники контрольной группы уступали им 20,5 кг или 4,2 %.

На основании полученных данных по живой массе нами были установлены изменения валового и среднесуточного прироста живой массы бычками подопытных групп.

Для того чтобы более наглядно увидеть различия в валовых и среднесуточных приростах, мы их изобразили графически на рисунке 1.

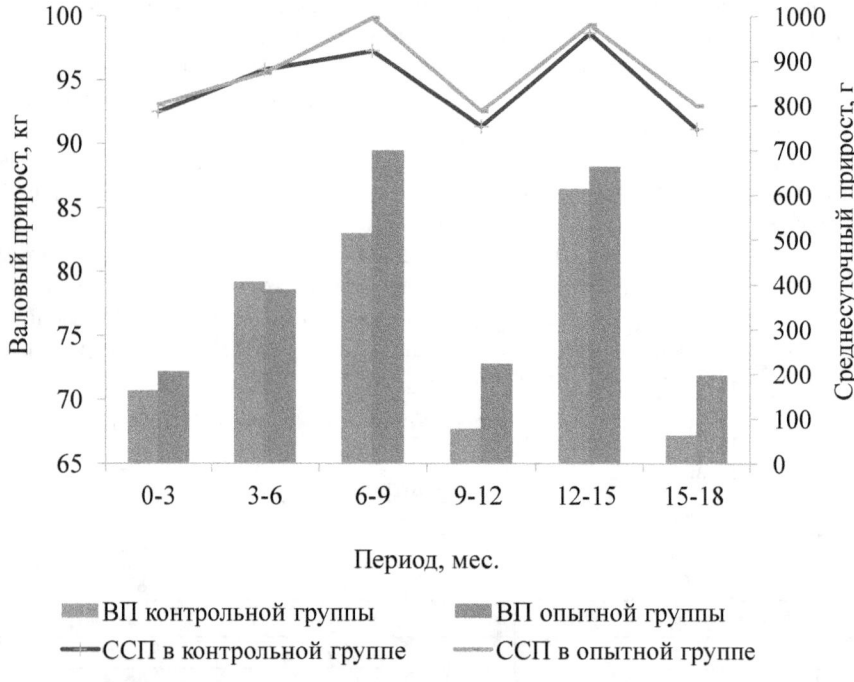

Рисунок 1 – Динамика валовых и среднесуточных приростов

Из представленного рисунка видно, что на протяжении всего опытного периода наблюдается неодинаковая динамика по интенсивности роста подопытных бычков. Самые высокие валовые приросты получены в период от 3 до 6-месячного возраста, с 6 до 9 месяцев и в промежуток 12-15 месяцев. По-видимому, это связано с породными и физиологическими особенностями подопытных животных и вероятно, с сезоном года[2,209].

Мясную продуктивность изучали путем контрольного убоя 3 животных из каждой группы в 18-месячном возрасте.

При этом определяли: съёмную живую массу, предубойную живую массу, массу парной туши, убойный выход, морфологический состав туш, массу и выход туши, массу и выход внутреннего жира.

Бычки опытной группы имели самую высокую предубойную массу, она составила 490,9 кг, у аналогов контрольной группы этот показатель составил 473,8 кг. По массе туши животные опытной группы занимали лидирующее положение, они превосходили подопытных бычков контрольной группы на 15,7 кг или 6,5 %.

Общеизвестно, что при хороших условиях кормления и содержания, откармливаемых животных жир в первую очередь начинает откладываться на внутренних органах, затем между отдельными мышцами, далее под кожей и только потом в мышцах. В результате чего образуется «мраморность» мяса[1,325; 3,71; 4,11].

Мы определили массу внутреннего жира у подопытных бычков. Наибольшее его количество находилось в тушах животных опытной группы - 12,1 кг, наименьшее – в туше сверстников контрольной группы - 10,4 кг.

Убойная масса бычков опытной группы больше в сравнении с аналогами контрольной группы на 14 кг. Убойный выход у бычков контрольной группы составил 53,1 %, а опытной – 54,1 %.

Проведенными исследованиями установлено, что по мясной продуктивности бычки симментальской породы превосходят сверстников голштинской породы.

Литература:

1. Свитенко О.В. Молочная продуктивность коров голштинской породы разных линий / О.В. Свитенко, А.Г. Дикарев // Научное обеспечение агропромышленного комплекса». Материалы IV Всероссийской научно-практической конференции молодых учёных. КубГАУ. Краснодар, 2012 г. – С. 324-326.

2. Свитенко О.В. Особенности роста телок голштинской породы разных линий / О.В. Свитенко // Труды Кубанского государственного аграрного университета. 2011. № 30. С. 207-210.

3. Свитенко О.В. Продуктивные и интерьерные особенности скота голштинской породы разных линий в условиях Краснодарского края / О.В. Свитенко// Дис. канд. с.-х. наук. Краснодар, 2012. – 125 с.

4. Свитенко О.В. Продуктивные и интерьерные особенности скота голштинской породы разных линий в условиях Краснодарского края / О.В. Свитенко// Автореферат дис. канд. с.-х. наук. Черкесск, 2012. – 22 с.

5. Тузов И.Н. Рост, развитие и мясная продуктивность голштинских бычков разных линий / И.Н. Тузов, О.В. Свитенко// Труды Кубанского государственного аграрного университета. 2011. № 36. С. 228-231.

Бугаева А.С.
студентка 3-го курса факультета управления
ФГБОУ ВПО «Кубанский государственный аграрный университет»,
г. Краснодар, Россия
E-mail: timh1995@gmail.com
Кобцева О.Н.
кандидат педагогических наук, доцент кафедры государственного и
муниципального управления
ФГБОУ ВПО «Кубанский государственный аграрный университет»,
г. Краснодар, Россия
E-mail: kobzeva.on@yandex.ru

НЕГАТИВНЫЕ ЭМОЦИИ КАК СПОСОБ ВОЗДЕЙСТВИЯ НА ОБЩЕСТВЕННОЕ СОЗНАНИЕ

На сегодняшний день одним из эффективнейших способов воздействия на общественное сознание является реклама. Она способна оказывать влияние, как на отдельную личность, так и на общество в целом, затрагивая при этом все сферы жизнедеятельности человека, различные социальные институты, классы и референтные группы. Говоря проще, реклама оказывает свое воздействие на всех и каждого независимо от социальной принадлежности человека и его сферы деятельности.

Согласно российскому Федеральному закону от 13.03.2006 N 38-ФЗ "О рекламе" (далее - федеральный закон «О рекламе») под рекламой понимается информация, распространенная любым способом, в любой форме и с использованием любых средств, адресованная неопределенному кругу лиц и направленная на привлечение внимания к объекту рекламирования, формирование или поддержание интереса к нему и его продвижение на рынке [1].

В настоящее время реклама применяет различные уловки и способы воздействия на общественное мнение. Объектом воздействия являются эмоции оппонента или массы, будь то страх, восхищение, чувство вины или эйфория [3, 56]. Поэтому одним из наиболее действенных способов воздействия является использование в рекламе негативных эмоций человека. Это обусловлено тем, что независимо от убеждений, мнений и точек зрения индивид прислушивается к ним во время принятия решений. Эмоции нельзя обмануть и уж тем более нельзя пойти против них, однако, следует отметить, что ими можно управлять.

Так, особое мотивирующее воздействие, как ни парадоксально, занимают именно негативные эмоции, так как они доставляют личности дискомфорт, побуждая ее к определённому действию.

Среди всех негативных эмоций, присущих человеку, свое главенствующее место занимает страх, представляющий собой одну из важнейших функций организма, предназначенной для защиты человека от опасных или незнакомых объектов, процессов или явлений.

Справляться со своими страхами человеку помогают жизненный опыт, общий уровень образования и информация. Следовательно, всякий раз, когда все общество в целом или отдельно взятый индивид сталкиваются с недостаточным количеством информации, страх начинает диктовать их стратегию поведения. Здесь реклама и выступает одним из инструментов приручения человеческого страха.

Использовать страх в рекламе – достаточно выгодное и эффективное решение, так как данная эмоция позволяет добиться желаемой реакции на то или иное рекламное сообщение. Однако следует отметить, что подобный посыл к обществу должен строится на описании пугающей ситуации с обязательным последующим предложением различных путей выхода из нее. Отсюда возникает весьма резонный вопрос о том, каков же все - таки предел страха, который можно использовать в рекламе?

Разумеется, что в полной мере задействовать мотивирующую силу страха позволительно только социальной рекламе [2]. Именно она может вызывать у потребителя такие негативные оттенки страха как тревога и ужас. Социальная реклама демонстрирует обществу отрицательные последствия наличествующих в настоящее время социальных проблем. Это могут быть легкие курильщиков, всевозможные заболевания печени, вызванные чрезмерным употреблением алкоголя, последствия экологических катастроф, браконьерство, жертвы дорожно-транспортных происшествий и тому подобное. Основными точками воздействия в социальной рекламе, позволяющими вызвать желаемую реакцию на социальные проблемы являются страх за себя и свою семью, отвращение к различным заболеваниям и последствиям определенных негативных действий, которые как раз и демонстрируются в рекламе.

Что касается коммерческой рекламы, то здесь наиболее успешно применяются другие негативные эмоции, а именно чувства страдания и боли, причем речь здесь идет не только о физическом аспекте, но и о моральном. Наиболее эффективно такие эмоции применимы в рекламе фармакологических препаратов. Так различные обезболивающие средства, например, «Нурофен», «Но - шпа», «Пенталгин - Н» и др. помогают человеку избавиться от немалых страданий, которые доставляют ему головная боль, повышенное давление, остеохондроз, боли в суставах.

Однако, предупреждая о возможных жутких последствиях болезни рекламе непозволительно манипулировать общественным сознанием, вселяя в него чувство страха. Именно поэтому в данном случае рекламное законодательство выступает на стороне потребителя. Так в федеральном законе «О рекламе» в статье 24 «Реклама лекарственных средств, медицинских изделий и медицинских услуг, методов профилактики, диагностики, лечения и медицинской реабилитации, методов народной медицины» говорится следующее:

- реклама не должна содержать ссылки на конкретные случаи излечения от заболеваний, улучшения состояния здоровья человека в результате применения объекта рекламирования [1], так как у здорового человека может возникнуть страх при отказе от лекарственного препарата;

- в рекламе не должны содержаться утверждения или предположения о наличии у потребителей рекламы тех или иных заболеваний либо расстройств здоровья [1]. Говоря проще рекламе непозволительно вселять в сознание человека мысль о необходимости принятия рекламируемого объекта;

- реклама не должна создавать впечатление ненужности обращения к врачу [1], то есть рекламируемые объекты не должны гарантировать человеку всеобъемлющий эффект от применения препарата и полное оздоровление.

Не стоит также оставлять без внимания такую негативную эмоцию как чувство стыда, ничем не уступающую страху по силе мотивации. Что же собой представляет стыд? По сути его можно прировнять к социальному страху, так как он несет в себе чувство неловкости от собственных недостатков, несостоятельности, неумения, неспособности. Стыд чаще всего используется в рекламе косметических средств или средств гигиены, которые призваны бороться с внешними несовершенствами. При этом, следует отметить, что от показывания физических недостатков человека лучше всего воздержаться. Их демонстрация в рекламе может быть оправдана лишь в том случае, если за ней будет следовать наиболее внушительный эффект от применения рекламируемо средства. Иными словами, положительные эмоции в рекламе обязательно должны превалировать над негативными.

Для обеспечения выполнения обозначенного выше тезиса в рекламе действенно используются вымышленные персонажи. Такой метод очень производителен, так как делает описываемую проблему более отстраненной от потребителя. В пример подобной рекламы, можно привести рекламу йогурта «Actimel» (иммунитет), сиропа от кашля «АЦЦ Лонг» (макрота), чистящего средства «Domestos» (микробы), жевательной резинки «Orbit» (остатки пищи), йогурта «Даниссимо» (легкий голод) и др.

Также, чтобы реклама не способствовала развитию в общественном сознании чувства стыда или несовершенства и не указывала на недостатки конкретного индивида, применяется прием «вербальной упаковки» [2]. Сущность приема состоит в том, чтобы использовать более мягкие формулировки для обозначения неприятных обществу и конкретному индивиду проблем. Так, например, выражения вроде «кожа в прыщах» целесообразнее будет заменить выражением «проблемная кожа» или взамен выражению «морщинистое лицо» лучше будет сказать «зрелая кожа».

Ну и дабы подытожить все вышесказанное, можно сформулировать следующие рекомендации по использованию негативных эмоций в рекламе:

- рекламу которая строится по принципу перехода от негативного посыла к положительному лучше не использовать, в крайнем случае, это может быть оправдано лишь в том случае, когда демонстрируемый эффект от применения рекламируемого объекта выглядит более убедительно;

- негативные эмоции не должны быть направлены в будущее, их позволительно использовать в настоящем или прошедшем времени. Иначе у потребителя будет создаваться впечатление, что негативные эмоции у него могут возникнуть от рекламируемого средства или препарата;

- в рекламе рекомендуется переходить от негативной неопределенности к адресному сообщению. Рекламисты, используя в своей рекламе негативные эмоции должны обращаться ко всей аудитории в целом, после чего рекомендуется демонстрировать положительный эффект от применения рекламируемого объекта, обращаясь при этом к конкретному индивиду;

- рекомендуется деликатно обсуждать с потребителем его проблемы, прямо не указывая на те или иные недостатки. Грубое отношение к проблеме потребителя и демонстрация его недостатков скорее отпугнут его нежели побудят приобрети рекламируемый объект;

- можно использовать вымышленных рекламных персонажей, дабы продемонстрировать эффект от применения того или иного препарата или же показать процессы протекающие в организме;

- Следует использовать более мягкие и деликатные выражения для обозначения физических недостатков потребителя.

Литература:

1. Федеральный закон от 13.03.2006 N 38-ФЗ (ред. от 08.03.2015) "О рекламе" (с изм. и доп., вступ. в силу с 01.10.2015)

2. Голубева Е.А. Негативные эмоции как инструмент современной рекламы // Современные научные исследования и инновации. 2013. № 12 [Электронный ресурс]. URL: http://web.snauka.ru/issues/2013/12/30391 (дата обращения: 31.03.2016).

3. Бугаева А.С., Кобцева О.Н. Воздействие на общественное сознание как форма проявления власти. В сборнике: Экономика и управление: актуальные вопросы теории и практики. Материалы III международной научно – практической конференции, (г. Краснодар, 01 марта 2016 г.) – Издательство: Краснодарский центр научно – технической информации (ЦНТИ), 2016.-376 с.

УДК 31

Elistratova O.A.
postgraduate student of Yu. A. Gagarin State Technical University of Saratov

SOCIOLOGICAL ASPECTS OF MONITORING THE DRUG ABUSE SITUATION BY THE EXAMPLE OF SARATOV REGION

Abstract. The article analyzes monitoring events conducted in the youth environment of the region. The drug situation is assessed. Preventive measures for resolving problems of drug abuse among young people are proposed.

Keywords: monitoring, drug abuse situation, minors, psychotropic substances, social disadvantages, prevention.

Елистратова О.А.
аспирант, ФГБОУВО « Саратовский государственный
технический университет имени Гагарина Ю.А.»

СОЦИОЛОГИЧЕСКИЕ АСПЕКТЫ МОНИТОРИНГА НАРКОСИТУАЦИИ (НА ПРИМЕРЕ САРАТОВСКОГО РЕГИОНА)

Аннотация. В статье проводится анализ проведенных мониторинговых мероприятий в молодежной студенческой среде региона, дана оценка наркоситуации в целом. Предложены первоочередные профилактические меры решения проблем наркомании среди молодежи.
Ключевые слова: мониторинг, наркоситуация, несовершеннолетние, психотропные вещества, социальное неблагополучие, профилактика.

Illegal drug traffic a form of a transnational organized crime is one of the major problems which are threatening national safety and slowing down social and economic development of the Russian Federation. Forming and correcting decisions within realization of Strategy of the state anti-narcotic policy till 2020 is based on the analysis of the systematized data on a narcosituation which are collected within the Provision on the state system of monitoring a narcosituation in the Russian Federation. The periodic assessment of a narcosituation in the territory is provided by means of monitoring. Monitoring is a special organized systematic observation of the condition of objects, the phenomena and processes for the purpose of their assessment, control and the forecast.

Carrying out monitoring is aimed at the following:

1. to identify the advance (of an epidemic) or rise in the level of any negative phenomenon in the population.

2. monitoring data provides information on "natural history" of any phenomenon.
3. by means of monitoring it is possible to predict the scale and nature of this phenomenon spread.
4. monitoring gives an opportunity to estimate the efficiency of intervention on the basis of reasonably accurate quantitative indices.

Monitoring a drug abuse situation was carried out on the basis of legal acts, official statistical information, information and analytical documents provided by territorial authorities of federal executive authorities, executive authorities of Saratov region, sociological research data considering expected and expert estimates on the issues concerning sale of drugs as well as counteractions to illicit trafficking in drugs, prevention of non-medical use of drugs, treatment and medical and social rehabilitation of drug addicts.

Monitoring is carried out in the form of annual assessment of a condition of drug abuse in the territory of the constituent of the Russian Federation according to the following groups of characteristics:

1. level, structure and consequences of drug abuse according to the statistical accounting;
2. level, structure and circumstances of drug abuse in risk groups according to representative poll;
3. the factors determining specific features of drug abuse in the given territory according to expert poll.

Types of data are organized on the basis of their   chronological sequence from the point of view of opportunities for prevention: data on threat, data on intervention and data on outcomes for the population. Data on threat include data on risk factors and preventive behavior. Data on intervention consist of data on the events aimed at individuals or at population at large. Data on population include the indices reflecting the end results of impact of the damaging factors on the population.

The collection and analysis of the information intended for assessing drug abuse is carried out on the basis of the worked out forms of statistical and polling documents. Psychologists and sociologists working in scientific, educational and other relevant institutions in administrative centers of constituents of the Russian Federation are in charge of performing the whole amount of works, necessary for functioning system of monitoring in the territory.

The established volume of information obtained in the course of monitoring is processed statistically and analyzed centrally by bodies of the Federal Drug Control Service of the Federal district and is presented to the services concerned in the constituent of the Russian Federation in the form suitable for planning preventive anti-narcotics work and assessing its performance.

Almost all executive authorities of Saratov region were involved in carrying out monitoring drug abuse situation (The office of the anti-narcotics commission in Saratov region, Federal Drug Control Service Department of Russia in Saratov region, the Department of the Ministry of Internal Affairs of Russia in Saratov region, the Ministry of Health in Saratov region and others).

At present 4 city districts and 38 municipal districts are a part of Saratov region. According to the official statistics the population of Saratov region is 2.496.552 people. The population of Saratov region is multinational. It mainly consists of Russians, Kazakhs, Tatars, Ukrainians. In the territory of the region there also live Armenians, Azerbaijanians, Chuvashs, a mordva, Germans and other nationalities.

The intensity of the drug abuse situation in the territory of the region continues to be at the level below average values across the Russian Federation and the Volga Federal District. In 2013 the incidence of drug addiction in Saratov region was 156.9 people in every 100 thousand of the population (the Volga Federal District – 243.5, Russia – 227.2). In general for the last years the incidence of drug addiction in the region has remained rather stable and with some tendency to reduction.

According to the information provided by St. Sofia Lunatic Asylum of Saratov, 6.133drug consumers were registered with health care bodies, 3.236 of them with drug addiction syndrome. 2.897 persons using drugs with harmful consequences had preventive registration. The incidence of drug dependence disorder among minors was reduced, in 2014 there were 75 people, in 2013 – 85 people. Generally decrease has happened at the expense of the faces consisting on the account in group of preventive supervision. At the same time the number of minor patients with drug addiction has increased with 1 in 2013 to 7 in 2014.

Negative dynamics of the number of the registered addicts can be caused by the following reasons:

– due to removing drug addicts from the register on various bases;

– due to the lack of the effective mechanism to motivate drug addicts to apply to health care bodies for medical care aimed at overcoming psychoactive substance dependence;

– active work of law enforcement agencies and medical institutions of the region aimed at identifying drug consumers and carrying out early prevention of the persons committing non-medical use of drugs and psychotropic substances. Increase in number of persons having preventive registration shows activating in work of health care bodies regarding identification and registration of the citizens abusing drugs and also activity of law enforcement agencies of the region in the sphere of administrative practice and early prevention of risk group.

According to drug abuse monitoring conducted by Federal Service for Consumer Rights Protection and Human Welfare Department in Saratov region there were registered 22 cases of acute drug poisoning in 2014 and 18 cases in 2013. In comparison with 2013 increase in quantity of poisonings by 18% is observed. Among victims of poisonings with narcotic substances, bigger specific weight - 95,5% make men (21 cases) and 4,5% of the woman (1 case). In comparison with 2013 the quantity of poisonings among women has decreased by 6 times, among men has increased by 1,9 times.

The age of is as follows: among children from 0 to 14 years there was recorded1 case (a 14year-old boy); 4 cases - among teenagers from 15 to 17 years old and 18 years old and more senior – 17 cases. In 2013 the age of persons with drug poisoning was 23 years old and more senior. In 2014 there were 5 lethal poisonings with drugs and psychotropic substances, in 2013 7 were recorded. It includes poisonings with drugs – 2 and poisonings with psychotropic substances – 3 (in 2013 – 2 and 5 respectively). Poisonings with a lethal outcome in 2014 were registered from such narcotic substances as – cannabis and cocaine, in 2013 – the opium and opiates which were not specified. In 2014 growth of poisonings with smoking mixes is noted. According to Rospotrebnadzor (Federal Service for Consumer Rights Protection and Human Welfare) in Saratov region for 2014 40 cases of acute poisonings with smoking mix (38 men and 2 women) are registered. For the same period of 2013 – 5 cases (man). With reference to age: from 0 to 14 – 4 persons (11,12,12,13 years), in 2013 – 2 persons (13 years old). 15-17 years old– 15 people (the main share of poisoning in teenagers is 16 years old – 66,7%, 17 years old – 26,7%, 15 years old – 6,6%. In 2013 – 3 persons (15 years old, 17 years old). 18 years old and more senior – 21 persons (got poisoned at the age from 18 to 41 years old). By a social status among the poisoned the main contingent students – 55%, persons off-the-job, working-age – 30% working – 15%. In 2013 poisonings are registered among pupils. Generally poisonings have individual character - 82,5%, group - 17,5%. In 2013 individual character – 3 cases, group character – 2. The database created on poisonings of a chemical etiology allows to obtain information on the character of poisonings, dynamics of poisonings in general in Saratov region as well as distribution of poisonings with reference to gender and age. By means of geoinformation technologies ranging and identifying socially disadvantaged territories and risk groups is carried out.

Studying the reasons and factors of social disadvantages and the analysis of a situation is conducted in the territory of Saratov region for the purpose of carrying out events to form a healthy lifestyle and protect social health, especially among children and teenagers. Low level of legal culture of a certain part of the population often leads to ignoring the requirements of the current legislation. The subsidized mode of functioning economy in the region, the existence of families in a difficult social situation, blurring of socially approved reference points, a significant number of penitentiary facilities of Department of the Federal Penitentiary Service in Russia in Saratov region and insufficiently high standard of living of a considerable part of the population influence indices of illicit trafficking and non-medical use of drugs.

Carriers of the problem are not only drug addicts, but also those who have experience of single, incidental experiments with drugs and psychotropic substances. In 2014 the Ministry of Education in Saratov region conducted psychological testing of pupils of 9-11 forms of educational institutions of the region regarding use of drugs, psychotropic and other substances. About 4 thousand school students took part in testing. The opinion of seniors on the reasons of emergence, formation and spread of drug addiction, methods of countering drug addiction in many respects is determined by their life orientation and the system of values put in structure of the personality. Answers to a questionnaire question: "Please, specify, 5 most urgent problems requiring the solution in the first place in your settlement" give an idea of the level of a social maturity of the respondents and reflect young men and girls' subjective perception of social problems of society. The surveyed young people first of all point out the imperfection of the infrastructure (80%) connecting their settlement to the regional administrative center, alcoholism problems (63%) and insufficient employment of the population (59%) which leads, in their opinion, to such socially dangerous consequences as drug addiction and crime. The analysis of answers to this question within three years of monitoring research enables providing insight into some tendencies in perception of problem zones of society which are shown by our respondents. Among the respondents there prevail persons from 20 to 29 years old - 49%; 23% - persons aged from 30 to 39 years; 15% – persons aged from 40 to 49; 13%– persons aged from 18 to 19 years [7]. Most of the respondents have secondary vocational or secondary technical education – 45%, an incomplete secondary education - 27%, complete secondary education - 21%, higher education - 7%. From the point of view of social and professional position of the respondents, 55% of them are working, 25% - are unemployed, 18% – pupils of technical school (college), 2% - students of higher educational institutions. Among respondents there prevail persons whose state of finances is considered to be average level (60%) or below average (35%).

Data of sociological monitoring allow to draw the following conclusions. From 9 most burning problems requiring the solution in the first place in Saratov region along with unemployment, crime, quality of roads and shortage of housing, according to the respondents, the 7th place is taken by drug addiction. The respondents show rather stable and positive indices of life values system. Family, health, love, friends, work, financially secure life, presence of good and true friends, freedom make the base on which, according to the respondents, their attitude towards life is formed. More than a half of the respondents do not communicate with people using drugs. However, the percentage of persons in whose circle there are such friends and acquaintances is quite great (35%).

The main reasons for the incidence of drug addiction in society, in the opinion of the population in the region, are dissatisfaction with life, social disadvantages, moral degradation of society, permissiveness and availability of drugs, including through the Internet networks. 62% of the respondents report that in their life there were cases when trying drugs was suggested to them and as a rule it was done by persons from their circle of acquaintances; 46% tried drugs at least once in life, but quitted using them. 46% of them received medical treatment for drug addiction and 23% had a rehabilitation course after treatment [3]. At the same time more than a half of the respondents are aware of the responsibility required by the current legislation of the Russian Federation and the majority do not consider it to be necessary to toughen measures of punishment for drug trafficking.

The peak of the beginning of using drugs is the age of 20-29 years old. Spices and marijuana remain the most widespread drugs, in rural areas hemp use prevails. 64% respondents think that those who have already begun using drugs can refuse using them individually but facing difficulty and 26% recognize the need of compulsory treatment of drug addicts [3]. The main motives to use drugs continue to be curiosity (interest), a bad company, problems in a family and private life, searching for new experiences, desire to derive pleasure and to remove stress. Poll has shown that the main reasons which prevent people from using drugs are fear to be imprisoned or complete addiction to them.

Relevance of carrying out monitoring events as well as routine medical examinations aimed at early detection of drug addiction in students at educational institutions is undoubted and the solution of the problem should be increase in educational work and control of the situation. The respondents consider carrying out expository discussions by narcologists and law enforcement officers, expansion of work with youth and compulsory treatment of addicts to be the main measures for resolving the problems of drug addiction. It is possible to state that the most effective events are anti-narcotic advertising in mass media, former addicts' presentations and carrying out thematic programs and movies on television. Another significant issue is forming a system of primary prevention of psychoactive substance abuse based on interdepartmental interaction of teachers, psychologists, psychiatrists - narcologists, social service personnel and law enforcement agencies. The following ideas have to become the initial, basic principles of the system of primary prevention: it is easier to prevent addiction to drugs and psychoactive substances than to treat; in the conditions of drug abuse situation the attention should be paid to teaching minors life skills to counter hostile environment which provokes drug abuse.

List of references:

1. Zinovyeva T. V. Main sociological terms [http://voluntary.ru/]. - [B. m]: publishing house ЮУрГу, 2006 - T. Manual.

2. Magadeev M. Sh. The report on a narcosituation in the Republic of Bashkortostan following the results of 2012 [http://ank-rb.ru/]. - Ufa: Health Care of Bashkortostan publishing house, 2013.

3. The Ministry of Education across the Saratov region. Analytical report [Report]. - Saratov: [B. N], 2015.

4. The Ministry of Education across the Saratov region. Results of carrying out anonymous social and psychological testing trained in [http://soiro.ru]. - Saratov: Department of social psychology of education Department of monitoring, the analysis and statistics, 2015 - T. Research opinion.

5. Public council the Meeting of Public council at Management of FSKN of Russia across the Saratov region [http://64.fskn.gov.ru/]. - Saratov: UFSKN of Russia across the Saratov region, 2015.

6. Department of Rospotrebnadzor for the Saratov region Sharp poisonings with narcotic, psychoactive agents [http://64.rospotrebnadzor.ru]. - Saratov: Department of Rospotrebnadzor for the Saratov region, 2013 - T. Narcomonitoring.

7. Federal State Statistics Service Population [http://srtv.gks.ru]. - Saratov: [B. N], 2015.

8. FDCS of the Russian Federation the Technique and a procedure of monitoring, and also criteria for evaluation of development of a narcosituation in the Russian Federation and its subjects [http://www.fskn.gov.ru]. - Moscow: [B. N], 2014 - T. Methodical grant.

Миневич Т.Г.

доцент, кандидат технических наук,

доцент кафедры «Теоретическая электротехника и электромеханика»

Санкт-Петербургский политехнический университет Петра Великого

Лебедева А.А.

кандидат технических наук,

доцент кафедры «Теоретическая электротехника и электромеханика»

Санкт-Петербургский политехнический университет Петра Великого

МАКРОМОДЕЛИРОВАНИЕ ЧАСТОТНОЗАВИСИМЫХ УСТРОЙСТВ ДЛЯ АНАЛИЗА ДИНАМИЧЕСКИХ РЕЖИМОВ ЭНЕРГОСИСТЕМ С НЕЛИНЕЙНЫМИ НАГРУЗКАМИ

В процессе проектирования и эксплуатации энергетических систем предусматриваются и проводятся мероприятия по компенсации реактивной мощности. Это позволяет уменьшить нагрузку на отдельные элементы энергосистем (трансформаторы, кабели, коммутационную аппаратуру и т.д.), увеличить срок их службы, а также улучшить качество электроэнергии за счёт уменьшения искажения формы напряжения. Для компенсации реактивной мощности используют оборудование состоящие, как правило, из батарей ёмкостных элементов (конденсаторов), которое обеспечивает регулирование $\cos\varphi$ в зависимости от изменяющихся условий работы энергосистемы.

При решении задач компенсации реактивной мощности в энергетических системах разработчики сталкиваются с возможностью возникновения высших гармоник в напряжениях и токах исследуемых систем и резонансными явлениями на высших гармониках. Учет частотных зависимостей эквивалентных параметров электротехнических устройств в задачах анализа переходных процессов в энергетических системах с нелинейными нагрузками представляет значительную трудность [1,51]. Традиционный подход к решению подобных задач состоит в структурном и параметрическом синтезе схем замещения частотнозависимых объектов, что является неоднозначной, нелинейной задачей.

В работе представлен метод математического макромоделирования электротехнических и электроэнергетических объектов и устройств, который позволяет одновременно учитывать и нелинейные свойства, и частотные характеристики элементов электроэнергетического оборудования. В методе нет ограничений на вид нелинейных и частотных характеристик элементов, и используется общая концепция метода дискретных (синтетических) схем [2,55]. Построение дискретных моделей элементов энергетических систем осуществляется непосредственно по эквивалентным частотным характеристикам, минуя трудоемкий этап построения эквивалентной схемы замещения. Способ построения дискретных моделей нелинейных элементов представлен в [3,384]. В [2,54] изложен подход к получению дискретной G - J модели элемента по амплитудно-частотным $Y(\omega)$ и фазочастотным $\varphi(\omega)$ характеристикам. При этом характеристики $Y(\omega)$ и $\varphi(\omega)$ могут быть получены экспериментально или рассчитаны. Переходная проводимость частотно-зависимого устройства определяется в соответствии с:

$$y(t) = 2/\pi \cdot \int_0^{\omega_s} Y(\omega)\cos(\phi(\omega)) \cdot \sin(\omega t)/\omega \cdot d\omega.$$

Для аппроксимации исходных частотных зависимостей в представленном подходе использован кусочно-линейный оператор:

$$Y(\omega)\cos(\phi(\omega)) = b_0 + \beta_0\omega + \sum_{\nu=1}^{s}\beta_\nu|\omega - \omega_\nu|,$$

где $\omega_\nu, \nu = \overline{1, s}$ – узлы кусочно-линейного оператора – значения частоты, в которых известны амплитудно-частотная и фаза-частотная характеристики объекта, b_0, β_ν, $\nu = \overline{1, s}$ – параметры оператора. Способы определения параметров кусочно-линейных операторов показаны в [4,57].

Выражая переходную $y(t)$ и импульсную $y'(t)$ проводимости [5,205] частотно-зависимого объекта через параметры кусочно-линейного оператора и, используя интеграл Дюамеля, получим параметры синтетической схемы [6,56]. К преимуществам предложенного расчетного подхода относятся: универсальность, возможность одновременно учитывать нелинейные и частотные свойства элементов электроэнергетического оборудования, использование только линейных процедур для определения G-J параметров, отсутствие трудоемкого этапа построения эквивалентной схемы замещения и допустимость его применения для интерактивного диагностирования электроэнергетического оборудования.

Описанный метод применен к расчету процессов в энергетической системе с дуговой печью. Дуговые сталеплавильные печи являются мощным и сложным в эксплуатации потребителем электрической энергии. Печь работает с низким коэффициентом мощности, потребляемая из сети мощность меняется в течение плавки, а изменения режима работы печи происходит до 30-40 раз в день, что может привести к повреждению оборудования, даже при наличии в системе сложных и дорогих объектов компенсации. Дуги генерируют высокочастотные гармоники, нежелательные для других потребителей и вызывающие дополнительные потери в питающей сети[7,432]. Для повышения коэффициента мощности принято включать конденсаторы на питающую шину дуговой печи.

В расчете дуговая печь моделировалась в соответствии с нелинейной вольтамперной характеристикой. Объекты энергетической системы (трансформатор, шина, реакторы, конденсаторная батарея) представлены в расчете G - J моделями, построенными по экспериментальным частотным характеристикам. На рисунке приведена зависимость тока батареи конденсаторов и его частотный спектр.

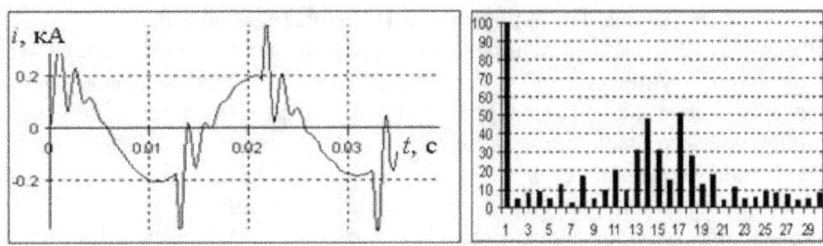

Рисунок. Ток конденсаторной батареи и его частотный спектр

Анализируя полученный частотный спектр, можно выделить гармоники (14-я и 17-я), амплитуды которых составляют половину основной, что должно учитываться при проектировании и эксплуатации подобных систем. Полученные результаты совпадают с экспериментальными исследованиями.

Литература

1. Боронин В.Н. Определение параметров и расчетных процессов в линиях электропередач / Боронин В.Н., Коровкин Н.В., Миневич Т.Г. // Научно-технические ведомости Санкт-Петербургского государственного политехнического университета. 2006. № 44. С. 47-59.

2. Коровкин Н.В. Универсальный метод построения макромоделей устройств по частотным характеристикам / Коровкин Н.В., Миневич Т.Г.// Известия высших учебных заведений России. Радиоэлектроника. 2006. Т. 3. С. 54-61.

3. Чуа Л. О. Машинный анализ электронных схем / Л.О.Чуа, Лин Пен-Мин – М. : Энергия, 1980. – 640 с.

4. Коровкин Н.В. Математическое моделирование заземляющих устройств при действии импульсных токов / Боронин В.Н., Коровкин Н.В., Кривошеев С.И., Шишигин С.Л., Миневич Т.Г., Нетреба К.И.// Известия Российской академии наук. Энергетика. 2013. № 6. С. 80-89.

5. Коровкин Н.В. Синтез RLC моделей заземляющих устройств по экспериментальным и расчетным переходным характеристикам / Коровкин Н.В., Лебедева А.А., Миневич Т.Г., Нетреба К.И., Шишигин С.Л.// Научно-технические ведомости Санкт-Петербургского государственного политехнического университета. 2009. № 89-1. С. 202-207.

6. Миневич Т.Г. Интерактивный метод численного моделирования электротехнических объектов и устройств / Миневич Т.Г. // В сборнике: Перспективы развития науки и образования Сборник научных трудов по материалам Международной научно-практической конференции: в 7 частях. ООО «АР-Консалт». 2013. С. 56-58.

7. Гудим Ю.А. Производство стали в дуговых печах. Конструкции, технология, материалы: монография / Ю.А. Гудим, И.Ю. Зинуров, А.Д. Киселев. - Новосибирск: Изд-во НГТУ, 2010. 547 с.

Антоев К.П., Заровняев Б.Н., Христофорова А.А.
Антоев Карл Петрович, аспирант Горного института Северо-Восточного федерального университета им. М.К. Аммосова. Инженер лаборатории «Материаловедение» Института проблем нефти и газа Сибирского отделения Российской академии наук
e-mail: antoevkp@gmail.com
Заровняев Борис Николаевич, д.т.н., профессор, специалист в области механизации разработки месторождений полезных ископаемых. Директор Горного института Северо-Восточного федерального университета им. М.К. Аммосова.
Христофорова Александра Афанасьевна, специалист в области разработки полимерных композиционных материалов. Научный сотрудник лаборатории «Материаловедение» Института проблем нефти и газа Сибирского отделения Российской академии наук

ИССЛЕДОВАНИЕ СТОЙКОСТИ СТЕКЛОПЛАСТИКОВЫХ ТРУБ К ГИДРОАБРАЗИВНОМУ ИЗНОСУ

Аннотация. *Разработано устройство для исследования износостойкости материалов при гидроабразивном воздействии, позволяющее исследовать износостойкость различных материалов и покрытий при моделировании течения гидроабразивной среды. В работе показана эффективность разработанного устройства для испытаний различных материалов и покрытий при гидроабразивном воздействии. После 96 часового испытания на разработанном устройстве получены сравнительные характеристики стойкости к гидроабразивному износу стеклопластиковых труб с полиуретановым покрытием и без него.*

Ключевые слова: *гидротранспортные системы, гидроабразивный износ, линейный износ, гидроабразивная среда, износостойкость, стеклопластик, полиуретановое покрытие.*

Введение. На предприятиях горнодобывающей промышленности гидравлический транспорт участвует в важнейших технологических операциях: доставки и обогащения горной массы руд, удаление отходов их обогащения; земляных работах при строительстве карьеров, технологических дорог, дамб и т.п. Особо жесткие требования предъявляются к транспортным системам горнодобывающих предприятий, эксплуатирующимся в условиях многолетней мерзлоты [1].

К преимуществам гидравлического транспорта относятся высокая производительность и большая длина транспортирования без перегрузок по сложной трассе с подъемами под любым углом и по вертикали; возможность исключения механического оборудования на трассе трубопровода; несложное техническое обслуживание; возможность совмещения транспортирования с некоторыми технологическими процессами («мокрым» обогащением полезных ископаемых, гашением и гранулированием шлаков, сортированием по крупности и т.п.);возможность полной автоматизации и, следовательно, невысокая трудоемкость. Недостатками гидравлического транспорта, сужающими область его применения, являются ограничения по роду и характеристикам перемещаемых грузов, в частности, по их крупности, что вызывает необходимость дробления груза; увеличенный расход энергии; потребность в больших количествах воды; опасность замерзания в зимних условиях [2]. Тем, не менее, указанные недостатки в каждом конкретном случае экономически оправдываются и по сравнению с другими технологиями могут быть не так критичны. Для повышения эффективности гидротранспортных систем (ГТС) следует особо обратить внимание на решение проблемы снижения износа трубопроводов ГТС при перемещении абразивных грузов. В работах [3-6] показано, что отказы, вызванные гидроабразивным износом, нарушают стабильность работы предприятий, приводят к излишним простоям и потерям транспортируемого продукта, увеличивают эксплуатационные расходы.

Общеизвестно, что основным фактором проявления гидроабразивного износа является коррозия применяемых металлических деталей, поэтому поверхностная модификация металлических труб перспективными антикоррозионными покрытиями или полная замена металла на другие материалы (в основном на полимерные) могут коренным образом решить проблему коррозии поверхности труб [6-9].

В связи с этим разработка новых методов исследования гидроабразивного износа в условиях приближенных к реальным эксплуатационным, его влияние на структурные изменения материала трубопроводов являются актуальными и могут дать основу для расчетов по прогнозированию срока службы ГТС.

Цель работы – разработка метода исследования гидроабразивного изнашивания и применения его для оценки эффективности применения стеклопластиковых труб и покрытий.

Материалы и методы исследований. Анализ методик исследования гидроабразивного износа [10-12] показывает, что в настоящее время не существует стандартизованного метода, и каждый из известных методов имеет как преимущества, так и недостатки.

В данной работе представлено устройство, на которое подана заявка на полезную модель. Основное преимущество разработанного устройства заключается вобеспечении уменьшения габаритов установки, возможности одновременного исследования износостойкости различных материалов и покрытий при моделировании течения гидроабразивной среды в широком диапазоне скоростей, повышении информативности испытаний.

На рисунке 1а представлено устройство в продольном разрезе, на рисунке 1б показано поперечное сечение устройства.

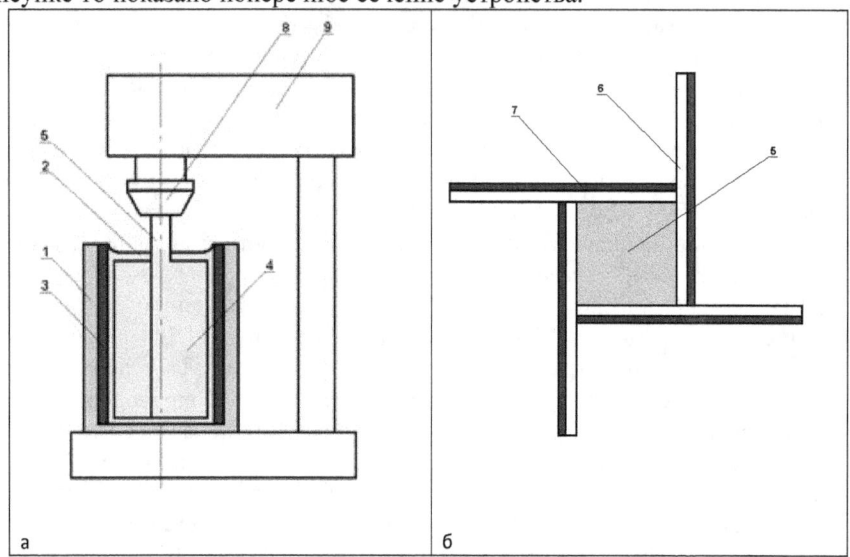

Рис. 1. – Принципиальная схема устройства: а – в продольном разрезе, б - поперечное сечение смесителя.

Устройство содержит сосуд 1, заполняемый гидроабразивной средой 2. На внутреннюю поверхность сосуда наносится или прикрепляется исследуемое покрытие или материал 3. В сосуд концентрично помещается смеситель 4 в виде многогранного стержня 5, к граням которого прикрепляются   пластины 6 с нанесёнными на их поверхность исследуемыми покрытиями или материалами 7. Смеситель закрепляется в патроне 8 вертикально-сверлильного станка 9. Исследуемые образцы покрытий материалов 3 и 7 могут иметь различный состав и в ходе одного эксперимента можно получить расширенную информацию об их износостойкости при одинаковых условиях. Сверлильные станки обеспечивают возможность проведения испытаний в широком диапазоне фиксируемых скоростей вращения смесителя и имитации перекачивания гидроабразивных сред с различной скоростью.

При вращении смесителя абразивосодержащая жидкость в сосуде раскручивается и взаимодействует с его внутренней поверхностью аналогично процессу трения при течении в трубе.

Испытания проводились на отрезках стеклопластиковых труб, которые используются для транспортировки агрессивных, высокоабразивных сред и гидросмесей ДУ, с внутренним диаметром 100 мм и высотой 50 мм, соответствующие. Так же исследованы трубы с полиуретановым покрытием марки.

Для труб установлены следующие условия испытаний:

•   Состав гидроабразивной среды состоит из 40 масс. % горного песка (размеры частиц 0,3 – 0,5 мм) и 60 масс. % воды.;

•   Скорость потока гидроабразивной среды на поверхности трубы – 1,3 м/с;

•   Зазор между стенкой труб и лопастей смесителя – 5 мм.

•   Время одного цикла испытания – 24 часа;

•   Количество циклов – до стабилизации интенсивности изнашивания.

После цикла испытаний образец высушивали при 60 °C в течение 1 ч., термостатировали при комнатной температуре (23 °C) в течение 30 мин.

Линейный износ (изменение толщины) определяли микрометром (ГОСТ 6507-90) в 12 точках. Испытания проводили циклично с проведением измерений через каждые 24 часа.

Результаты исследований и их обсуждение. Исследование гидроабразивного изнашивания стеклопластиковых труб на разработанном устройстве позволило получить данные интенсивности гидроабразивного износа труб (рис. 2).

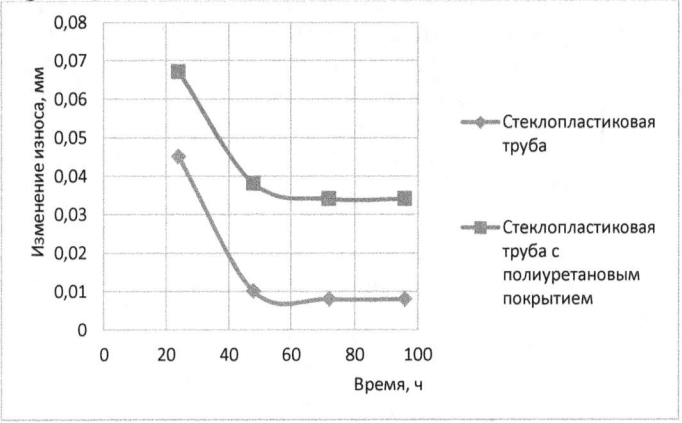

Рис. 2. Динамика износа труб при воздействии гидроабразивной среды

Из рисунка 2 видно, что процесс изнашивания образцов имеет одинаковый характер. При этом линейный износ труб с полиуретановым покрытием выше. После 48 часов испытаний происходит приработка обоих материалов и стабилизация интенсивности изнашивания. Для оценки долговременной работоспособности обоих материалов, необходимо увеличить продолжительность испытаний.

Заключение. Экспериментальная проверка показала эффективность разработанного устройства для испытаний материалов при гидроабразивном воздействии. Главным преимуществом устройства перед аналогами состоит в возможности моделировании течения гидроабразивной среды в широком диапазоне скоростей, повышении информативности испытаний.

Применение разработанного устройства, для оценки работоспособности гидротранспортных систем, особенно важно для обогатительных фабрик горнодобывающих предприятий. Выбор в пользу материала, более стойкого к гидроабразивному износу при заданных условиях эксплуатации, позволит избежать затрат на ремонт и замену систем трубопровода, а следовательно, простоев в работе предприятия.

Литература

1. Акишев А.Н., Зырянов И.В., Заровняев Б.Н., Шубин Г.В., Колганов В.Ф., Журавлев А.Г., Курилко А.С., Соколова М.Д. Формирование рабочей зоны глубоких кимберлитовых карьеров//Новосибирск: Наука, 2014. – 214 с.

2. Минаев В.М. Эксплуатационная надежность технологического оборудования углеобогатительных фабрик.– М.: Недра, 1971. 136 с.

3. Островский В.Г., Пещеренко С.Н., Каплан А.Л. Методика моделирования гидроабразивного износа ступеней нефтяных насосов. // Горное оборудование и электромеханика, 2011. №12. С. 38 – 42.

4. Grewal H.S., Agrawal A., Singh H. Design and Development of High-Velocity Slurry Erosion Test Rig Using CFD, J. Mater. Eng. Perform. 22, 2013. 152 p.

5. KapilChawla, Kamaljeet Singh, Naveen Saini, Jagdeep Singh. Erosion wear behavior of chromium coated steel 304 and grey cast iron // International Jornal of Innovative Research in Scince, Engenering and Tehnology, 2013. Vol. 2. Issue 9. 4567-4575 pp.

6. Mehdi A., Hans-Jörg B. Evaluation of Hydroabrasion in a Slurry Tank //Journal of Energy and Power Engineering, 2013. 2273–2284 pp.

7. Ращепкин А.К., Салагаева Е.В., Черкасов Н.М., Гладких И.Ф Новые отечественные технологии при изготовлении и монтаже трубопроводных систем нефтегазовой инфраструктуры из комбинированных труб на основе термопластов // Нефтегазовое дело, 2005. № 2 (электронный ресурс, режим доступа http://ogbus.ru/authors/Raschepkin/Raschepkin_3.pdf).

8. Глухова О.В., Фаттахов М.М. Эффективность применения трубопроводов из полиэтиленовых труб // Нефтегазовое дело, 2006. № 2. (электронный ресурс, режим доступа http://www.ogbus.ru/authors/Glukhova/Glukhova_2.pdf)

9. Звягильский Е.Л., Блюсс Б.А., Назимко Е.И., Семененко Е.В. Совершенствование режимов работы гидротранспортных установок технологий углеобогащения – Севастополь: Вебер, 2002. 247 с.

10. Веселовский Д.Р., Савицкий Н.В., Веселовский Р.А. Исследования гидроабразивного износа ремонтных полимерных композиций // Строительство,материаловедение,машиностроение: Сб. научн. тр. – Днепропетровск: ПГАСА, 2008. Вып.47. С. 165-168.

11. Goddard J.B. Abrasion Resistance of Piping Systems // Technical Note 2.116. November 1. Manukau City, 1994. Available: www.ads-pipe.com.

12. Бранзбург А., Коврига В., Пуце В. Пульпопроводы: от Дармштадского метода к Дармштадскому ресурсу // Полимерные трубы. № 1 (47), 2015. С. 52-53.

Sazontyev V.V.
postgraduate student, National research university "Higher school of economics" (HSE)
vladimirscience15@gmail.com

INFLUENTIAL MEMBERS IN COMMUNITY LIFECYCLE WITHIN SOCIAL NETWORK

Abstract

This research aims to extend my previous work that analyzed community lifecycle within social network Vkontakte. One of serious problems of that work was inability to analyze whole graph, since Vkontakte's API do not allow to download all network in a reasonable time, thus you are restricted with number of requests per second. This paper discuss main achievements of that work and propose one method that should be included in that kind of researches and should help to make more precise conclusions.

Keywords

data processing, artificial intelligence, social network analyzes, random walk

1 Introduction

Online social networks are very important part of modern people's lives. The ability to understand what affects the group growth or shrinkage have a huge commercial, educational and scientific impact. In this paper I specifically address to a problem that most of modern networks and systems have. The problem is inability to download whole network for analyzes, this challenges me to find method to extract useful parameters without studying whole graph. In this paper I consider Vkontakte social network. Vkontakte[1] is a social network that finds popular usage in European countries containing over 230 million accounts

2 Related work

As a related work I must mention the original paper - Community Lifecycle within Social Network [2], in which one I was a co-author, this work had strict time limits, thus we was not able to fully develop methods that will help to workaround the problem of inability to access to all network. Still this paper have a decent results, that I want to extend, by proposing method to estimate influential members of group within community and network.

Another interesting work "Who is most important Vkontakte?"[3] this work is interesting and may lead to other crucial findings in the scope of the problem. This paper discuss who to find most important people in whole Vkontakte network.

Also a good paper about separate attempt to quantify individual influence is "Learning influence probabilities in social networks" [4].

3 Datasets

As in original paper I randomly sampled up to 50 groups that ranges from 1000 to 10000 members. It gave me graphs, where nodes are participants of each group and edges are their status of friendship. Among each group I fetched each particular member's friends list, that will indicate which pair of nodes should have edge

```
pick 50 random groups with size [1000,10000]
     for each group in 50:
          retrieve group members
          for each member in group:
               if no data of friends, retrieve
               for each friend in friends of member:
                    if friend is a member, add as edge, else mark member as
fringe
```

Also I considered five different groups with more than 1,000,000 members.

```
for each group in 50:
          retrieve group members
          for each member in group:
               if no data of friends, retrieve
               for each friend in friends of member:
                    if friend is a member, add as edge, else mark member as
fringe
```

In my final system I included original features from [2], such as:
- Average time between additions of new content.
- Geolocation of user.
- Content tag.
- Similarity to groups that the user is already in.
- Average path to account that already subscribed to that group.
- Internal structure of people in group (how they are connected with each other).
- Gender distribution within group.
- Birthday distribution within group.
- Other important metric is how people repost.

Also I included one more parameter that was hard to achieve without proposed method (the complete algorithm is described in next section) - Popularity measures. This measures is distribution - amount of popular users in group divided by overall amount of popular user. It is obvious that there must be measure of popularity, - specifically in this research I set top 5%, 10%, 12% and 15% most popular people among network.

4 Popularity estimating within network with limited access

To estimate popularity of each particular member of social network with limited access (where you can't simply download whole network in reasonable time) - I used the following method:

```
Sample_ids = sample id from 290000000 size of N (with replacement)
Subscribers_hash = {}
for each id in sample_ids:
    Subscribers_ids = get_subscribes(id) # friends of users are by default
are subscribers
    for sub_id in subscribers_ids:
        if (exists Subscribers_hash{sub_id}):
            Subscribers_hash{sub_id} += 1
        else :
            Subscribers_hash{sub_id} = 0
Popularity array = Sort in descending order ids in Subscribers_hash
```

Due to network properties that related to real networks, this algorithm gives us a really most influential members of community. This method can be applied within whole network and within each particular group. That allow us to generate more properties for network and each particular group without fetching whole graph of Vkontakte network.

As the result, I use random forests with these new features and without, to compare the results from original paper. I did not use any other algorithm due to the fact the random forests show the best results in original paper. Results:

Type of system	Training pseudo-R 2	Validation pseudo-R 2	Test pseudo-R 2
Without features (original system)	1.0000	0.7265	0.7131
With new feature	1.0000	**0.7989**	**0.7803**

These results show the impact of new generated features.

5 Conclusion

In this paper I presented methods that allowed me to advance the original system and generate new features without access to whole network. While this results implemented only for this system, this method may be expanded to evaluate other network with similar access problem.

References

1. VK, "About VK | VK", http://vk.com/about
2. Pradipta A.B. Hendri, Vladimir Sazontyev, Shu Niu, Community Lifecycle within Social Network, http://snap.stanford.edu/class/cs224w-2014/projects2014/cs224w-34-final.pdf, 2014
3. A. Krot, G.Morozov, Who is most important Vkontakte?, https://habrahabr.ru/company/mlclass/blog/265923 , 2015
4. A. Goyal, F. Bonchi and L. V. Laskshmanan, "Learning influence probabilities in social networks," in WSDM '10, 2010

Достияров А.М. [1), Баубеков К.Т. [2), Тукенов А.С. [3)
1) д.т.н., профессор кафедры теплоэнергетики КазАТУ им. С.Сейфуллина
2) д.т.н., заведующий кафедрой теплоэнергетики КазАТУ им. С. Сейфуллина
3) магистрант, КазАТУ им. С. Сейфуллина

АНАЛИЗ МЕТОДИК ОПРЕДЕЛЕНИЯ ЭНЕРГЕТИЧЕСКИХ ПОКАЗАТЕЛЕЙ ПГУ-ТЭЦ С КОТЛАМИ-УТИЛИЗАТОРАМИ

Использование парогазовых установок (ПГУ) является одним из перспективнейших направлений развития теплоэнергетики Республики Казахстан.

Одним из перспективных направлений развития теплоэнергетики РК является использование парогазовых установок (ПГУ). Высокая начальная температура газов в газотурбинной установке (ГТУ) способствует повышению средней температуры подвода теплоты в комбинированном цикле. ПГУ обладает высокими экологическими показателями благодаря оснащению ГТУ малотоксичными камерами сгорания. [1, 4]

Особенностями ПГУ, помимо высоких КПД, являются умеренная удельная стоимость (в 1,5 – 2 раза ниже, чем у паровых энергоблоков близкой мощности), возможность сооружения за короткое (два года) время, вдвое меньшая потребность в охлаждающей воде, хорошая маневренность, поэтому широкое внедрение ПГУ позволяет уменьшить удельный расход топлива на выработку электроэнергии, сократить капитальные вложения и затраты на обслуживание и ремонт оборудования, снизить экологическую нагрузку. [2, 4]

Лучшие показатели экономичности среди всех типов ПГУ имеют ПГУ с котлами-утилизаторами (КУ). На сегодняшний день в мире действует большое количество парогазовых установок с котлами-утилизаторами.

Существует проблема разделения общего расхода топлива на ПГУ-ТЭЦ на вырабатываемые виды энергии – тепловую и электрическую. Для них на данный момент нормативной методики определения показателей тепловой экономичности не разработано.

Широкое применение получил физический метод разделения расхода топлива на ТЭЦ на виды генерируемой энергии [3, 23-34]. Он заключается в том, что на долю внешнего теплового потребителя относят отпускаемую ему теплоту с учетом потерь при производстве и транспортировке, а на долю электрического потребителя – всю остальную теплоту.

К недостаткам физического метода можно отнести отсутствие учета теплового потенциала отпускаемой потребителю теплоты. Себестоимость производства тепловой энергии при комбинированной выработке на ТЭЦ практически равна себестоимости раздельной выработки теплоты.

Эти методики в качестве показателя, характеризующего работу ПГУ с КУ, считают:

1) тепловая эффективность парогазовой установки, которую можно оценить коэффициентом использования теплоты топлива:

$$К_{в.т.} = \frac{Э - \Delta Э_{сн} + \sum Q_Т}{B \cdot Q_н^р \cdot \eta_{кс}} \qquad (1)$$

В рамках этой методики учитывается лишь теплота топлива ПГУ-ТЭЦ, которая полезно используется в камере сгорания ГТУ.

2) полезная удельная выработка электроэнергии на тепловом потреблении

$$У = \frac{Э - \Delta Э_{сн}}{\sum Q_Т} \qquad (2)$$

3) КПД газопаровой установки

$$\eta_{гпу} = \eta_{г.к.} + (1 - \eta_{г.к.}) \cdot \eta_{ут} \cdot \eta_{п.к.} \qquad (3)$$

4) «физический» метод разделения общего расхода топлива

$$\eta_{пгу}^э = \frac{1 + А_{пгу}}{\dfrac{1}{\eta_{пту}^э \cdot \eta_{тр}^п \cdot \eta_{пк}} + \dfrac{А_{пгу}}{\eta_{гту}^э}}$$

КПД ПГУ-ТЭЦ по выработке тепловой энергии определяется согласно следующему выражению

$$\eta_{пгу}^т = \eta_т^п \cdot \eta_{тр}^п \cdot \eta_{пк}$$

5) температурные параметры и внутренние КПД элементов ПГУ

Удельный расход топлива на выработку электроэнергии в ПГУ-ТЭЦ предлагается определять по выражению:

$$b_{пг}^т = \frac{34,1}{\eta_{кд} \cdot \eta_{пг} \cdot \eta_{кс}} \qquad (4)$$

где: $\eta_{кд}$ – КПД камеры дожигания

$\eta_{\text{пг}}$ – КПД парогенератора

$\eta_{\text{кс}}$ – КПД камеры сгорания ГТУ.

Приведенные выражения могут быть использованы при определении, исследованиях и анализе показателей тепловой экономичности ПГУ-ТЭЦ.

Развитие страны в условиях рыночных отношений делает необходимым окупаемости работы ТЭЦ, что в свою очередь ставит вопрос о применении определенного метода разделения общего расхода топлива между производством электрической и тепловой энергии. Эти вопросы должны решаться с учетом требований экономики. В качестве альтернативы был предложен пропорциональный метод разделения топлива на виды генерируемой энергии.

При физическом методе потребители менее заинтересованы в дорогостоящей тепловой энергии от электростанций и используют тепло собственных котельных. Как следствие, уменьшилась доля теплоты, выработанная комбинированным способом.

Связи, существующие между основными элементами в ПГУ-ТЭЦ, сложнее аналогичных связей в паросиловых установках. В связи с этим на расчет схем накладывается определенная специфика алгоритма расчета парогазовых установок теплофикационного типа. Существует необходимость разработки алгоритма расчета тепловых схем ПГУ различного типа с учетом возникающих особенностей.

Принцип разделения топлива на виды энергии должен основываться на наиболее выгодных принципах. Данная проблема требует дальнейшего изучения.

Литература

1. Достияров А.М., Тютебаева Г.М.. Вестник Алматинского университета энергетики и связи № 4 (31), 2015 г. «Перспективы использования парогазовых установок в Республике Казахстан»

2. Хуршудян С.Р. «Оптимизация режимов ПГУ при участии ее в регулировании мощности и частоты в энергосистеме (на примере ПГУ-450)».

3. Дудко А.П., «Разработка методических основ определения энергетических показателей парогазовых ТЭЦ с котлами-утилизаторами и исследование режимов их работы», 2000 г.

УДК 620.93

Достияров А.М.- д.т.н., профессор
(Астана, ЕНУ им. Гумилева, dost51@mail.ru)
Омербаева А.О. - магистрант
(Астана, ЕНУ им. Гумилева a.omerbaeva@mail.ru)

К ВОПРОСУ ГАЗИФИКАЦИИ УГЛЕЙ МЕСТОРОЖДЕНИЙ КАЗАХСТАНА

Газификация твердого топлива является важным направлением техники использования натуральных твердых топлив и, прежде всего, ископаемых бурых и каменных углей.

Большое будущее этого направления предсказал в конце прошлого столетия великий руский ученый Д.И.Менделеев, выразив это в следующих словах: «Думаю, что время выгодности устройства особых заводов для переделки топлива в горючие газы недалеко, потому, что города сильно растут, заводы и фабрики скопляются около них. И топливо здесь идет в громадных массах, а сокращение хлопот и расходов с развозкой топлива, с заботой об экономии топлива и с необходимостью во многих случаях высокой температуры должно дать значительные сбережения при употреблении газового топлива».

Повышенный интерес к процессу газификации – это его разработанность в технологическом плане и промышленном использовании. Полученный газ после очистки от кислых примесей может быть использован как высококачественное топливо в энергетических установках, и для дальнейшей переработки в водород, жидкое топливо, метанол и другие химические продукты.Следовательно, газификация угля войдет в состав любого варианта технологической схемы получения синтетических топлив.Имеются критерии оценки качества углей к тому или иному технологическому процессу. Практика показывает, в основном к процессу газификации легче подвергаются угли, имеющие повышенные содержания летучих веществ ($>V^{daf}$ 43%) и высокую влажность ($>W^{daf}$ 30%), марки Г, ДГ, Б1, Б2.

Общие геологические запасы и прогнозные ресурсы углей Республики Казахстан оценивается в 150 млрд. тонн. Большая часть подсчитанных запасов (63%) представлена каменным углем Карагандинского, Экибастузского, Тениз-Коржанкольского бассейнов, Кушокинского, Борлинского, Шубаркольского, Каражыринского и ряда других месторождении.В настоящее время в стране освоены и эксплуатируются Карагандинский, Экибастузский и Майкубенский бассейны, Кушокинское, Борлинское, Шубаркольское, Каражыринское месторождения, а также несколько мелких в различных областях

Казахстана, на которых в незначительных обьемах ведется добыча угля для местных нужд. Таким образом, большая часть запасов сосредоточена в Центарльном Казахстане, Карагандинской, Повладарскоой и Костанайской областях. [1]

Таблица 1- Угольные месторождения бурых углей Казахстана.

Месторождение	Состав рабочей массы топлива, %		Выход летучих, %	Теплота сгорания, ккал/кг
	W^p	A^p	$V^г$	$Q^p_н$
Кучекинское	7	40,9	21	3959
Шубаркульское	14,5	5-13	43,5	5349
Экибастузский	7	41	30	3790-4000
Майкубенское	20	19	45	4030
Каражыра	17	25	45	4030

Нами проведены экспериментальные исследования физических свойств углей Казахстана (Каражыра, Кучекинский, Майкубенский, Экибастузсский, Шубаркольский) для определения возможности их газификации. Полученные результаты приведены в таблице 2.

Результаты исследования представлены в ниже указанной таблице 2.

Месторождение	Состав рабочей массы топлива, %		Выход летучих, %	Теплота сгорания, ккал/кг
	W^p	A^p	$V^г$	$Q^p_н$
Каражыра	9,3	24,2	38,6	4380
Кучекинское	2	44,7	20	4200-4500
Майкубенское	11,2	15	42	3510-4854
Экибастузсское	7	30	38,9	3790-4000
Шубаркольское	3	8	46	4258-4498

Если сравнить результаты эксперимента данных таблице 1 с данными проведенные нами таблице 2, например, если возьмем уголь Майкөбе из таблице 1 у которого влажность W^p =20%, зольность A^p = 19% и выход летучих $V^г$= 45%, то результаты иследования W^p =11,2%, A^p = 15%, $V^г$= 42% . Разница между ними равны W^p =8%, ал A^p = 4%, $V^г$= 3%. Это разница связана с продолжительностью геологического возраста, метаморфизма (процесс твердофазного минерального и структурного изменения горных пород под воздействием температуры и давления в присутствии флюида).

На метаморфизм топлив влияют три основных фактора: температура, давление и время. Метаморфизм или химический возраст, определяет место данного угля в той или иной научной или технологической классификации ископаемых топлив.В основу оценки более молодого или более старого угля по химическому возрасту можно взять различные показатели, но один из них наиболее удобен – это выход летучих веществ из топлива, который уменьшается с увеличением химического возраста. При изменении этого показателя изменяется и качества углей .

Если проанализировать результаты эксперимента, которые показаны таблице 2, то можно сказать что угли Майкубе и Шубарколь самые подходящие для газификации . Потому что, выход летучих этих углей выше по сравнению с другими. Нужна отметить, что Екибастузский уголь и уголь Каражыра не отстают от предыдущих углей по выходу летучих веществ.

Первое направление развития газификации имеет более благоприятные условия для Казахстана, особенно на северных. Например, если снабжать регионы Центрального и Северного Казахстана газом полученного из угля, то следует выбирать угли Майкубе и Шубарколь для газификации, потому что по месторождению они находятся в Северном Казахстане.

Таблица -3 Теплоемкость для Шубаркольского(Ш), Каражаринского (К), Майкубенского месторождений

T, K	C_p^0 Дж/(г·K)		
	Ш	К	М
298,15	0,90	0,81	0,95
323	1,49	1,02	1,14
348	1,86	1,67	1,16
373	1,99	2	1,59
398	2,86	2,35	2,23
423	4,09	2,51	2,44

Присутсвие в углях минеральных примесей снижает их теплоемкость, так как теплоемкость большинства минеральных соединений присутствующих в качестве примесей в углях, значительно ниже теплоемкости органической массы угля. С повышением зольности теплоемкость углей закономерно снижается. Теплоемкость углей линейно растет с увеличением влажности. Это обьясняется тем, что с одной стороны, вода как свободная, так и связанная имеет значительно более высокую теплоемкость, нежели органическая масса углей. [2]

Рисунок 1 Динамика снижения массы Шубаркольского угля при его нагреве.

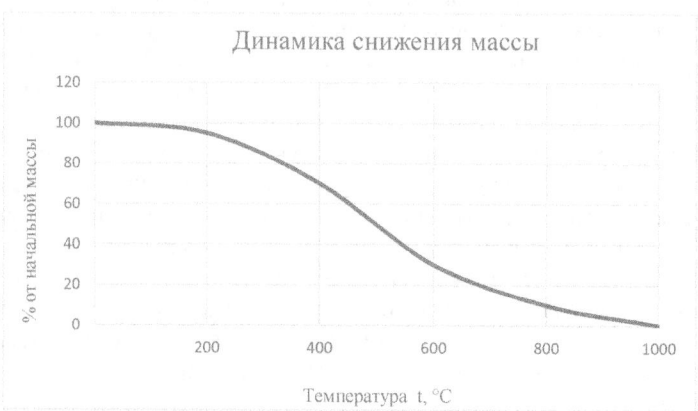

В вышеуказанном рисунке показано, что график зависимости значение массы Шубаркольского угля от температуры. Из этого рисунка мы видим, что по температуре сколько процентов выходят выход летучих. Например Если 100% угля, значит 0% летучих, а если как на рисунке показано 20% угля, значит 80% летучих и т.д. Летучие плюс уголь дают всегда 100% в сумме.

В настоящее время около 70% энергопотребления в мире покрывается нефтью и газом. Однако, мировые запасы нефти и газа ограничены. Если учитывать рост потребления энергии, они могут быть исчерпаны в течение 20, максимум 50 лет. [3] Нельзя забывать, что нефть и газ – это сырье для получения целого ряда химических продуктов. А наша страна богата геологическими запасами угля. Поэтому в последние годы унас возрос интерес к газификации угля, ведутся интенсивные научно-исследовательские работы.

ЛИТЕРАТУРА

1. Абыкаев Н.А., Бектурганов Н.С., Зейнуллин А.А.,Кузнецов О.Л., Спицын А.Т,. Щеулин А.С. Проект «Стратегии устойчивой энергетики будущего Казахстана до 2050 года», 2014 №2, с.8.

2. Ермагамбет, Б.Т., Касенов, Б.К., Бектурганов, Н.С., Байбеков, С.Н. Чистые угольные технологии: теория и практика- Караганда : Tengri Ltd, 2013.- 207-209 с.

3. Александров А.П. Научно- технический прогресс и энергетика.- Наука и жизнь, 1982.- 35-42с.

Pkhitikov H.M.
Federal State Budgetary Educational Institution "Kabardino-Balkarian State University of H.M. Berbekov "
xauti.pxitikov@yandex.ru
Kharatokova M.G.
Federal State Budgetary Educational Institution «North-Caucasian State Humanitarian and Technological Academy»
mariatharatokova@yandex.ru

GENETIC AND ETHNOLINGUISTIC COMMUNICATIONS OF HATTIC (HETTIC) LANGUAGE WITH OTHER LANGUAGES OF ANCIENT CIVILIZATIONS

The problem of studying the cuneiform languages belongs rightfully to the category of the eternal problems of linguistics, as it was put to the dawn of human written languages and has not lost its relevance today. Moreover, just in our time the linguistic typology and general comparative-typological approach to the study of languages gained a second breathing and everywhere attracted the attention of linguists.

It is interesting to note the kind of genetic of Shumerians, Akkadians, Babylonians and Assyrians, notes by V. Kopsergenova. The author suggests that Ashshur is Abaza name. In witness whereof, she noted that the Abaza in ancient times, as now, called "ashua" i.e. ashuytsy [3, 16].

In this regard, citing the work of V.K. Afanasyev in which B. Kopsergenova says, that characteristically the same role epos "Enuma Elish" (epoc of creation of world) played in Assyria, but there, says V.K. Afanasiev, at the end of the II millennium BC Marduk replaced the god Ashur, the central deity of the Assyrian pantheon, "[3, 16].

Of particular note is the work of I.M. Dyakonov in which is given a detailed analysis of the Hatts, cascks, abeshlayts. The scientist rightly said that we can`t mix Hatts with Hetts. Unfortunately, according to I.M. Dyakonov, Hetts themselves didn`t understand Hattic language already, and their writtings, apparently, are not accurate; in addition, the system of Akkadion cuneiform, used in its Hettic species for recording Hatt`s texts, was absolutely are not adapted for transmission of hattic sound structure; so it still believes the scientist, that it is impossible to rebel the phonology of hattic, that makes it impossible and the right decision on his belonging to one of any particular language family, as it can not be legitimate sound correspondences between Hattic and any other language (Dyakonov, 1968). However, we do not agree with this conclusion.

In another work of I.M. Dyakonov is a Hattic variant of the Akkadian cuneiform, which recorded Hattic texts and which allow to differentiate only 13 consonants - m, p, n, t , s, c, k, h, l, r, w, f and j - the last is not in all cases and four vowels - a, i, u, e - the last is not in all cases. Meanwhile, said the scientist, the vibrations in the writing of some words also allow you to suspect the existence of phonemes, that didn`t take its graphical notation [5, 82-86].

It should be noted the feature of the Hettic cuneiform - the use of signs to indicate the voiceless and voiced closed consonants, for example, ka - ga. However, this difference, according Vyach.Vs. Ivanov did not have phonetic values because closed consonants are not opposed on the grounds of voicelessness – voicing, but varied strengths and weaknesses closed or aspirated and unaspirated ones [2, 63]. In this regard, A.P. Tikhonov at graphics options of Hattic gods shows that this law operates strictly for Hattic graphics too: compare different names of the main Hattic gods: Tabarna - Taparna, Tasapuna - Dasapuna. Thus, A.P. Tikhonova comes to the convincing conclusion that in Abkhazia - Adyghe languages, as in Hettic and Hattic, opposite of explosive consonants are not going on the basis of loudness - voicelessness, but on the basis of strength - weakness (aspirated- unaspirated), and the difference between, we say, k - g, p - b has no phonemic value [5, 83].

As it is known, M.A. Kumakhov marks, a traditional five-member system of Indo-European vocalism was rejected in 1879 by Ferdinand de Saussure, laid the foundations of the theory monovocalism of Indo-European root. The idea of F. de Saussure was further developed in the writings of many supporters of laryngeal theory, replaced the conotic Saussure`s factors by laryngeal in connection with the discoveries of cuneiform Hettic language at the end of the first quarter of XX century. The scientist says that the most widespread version of the theory of monovokalizm of indoevropean root, presented in E. Benveniste`s work, is based on the laryngeal theory. Essence of monovokalizm theory, how M.A. Kumakhov explains, is, in E. Benveniste`s understanding, that the only voice *e* in Indo-European in different combinations with laryngeal gives short and long vowels. And further, M.A. Kumakhov marks conclusion made by E. Benveniste, based on the position of Ferdinand de Saussure on the consonant character of Indo-European *e*, got recognition and development at Møller Pedersen, Cooney, Kurilovich etc. E. Benveniste says: "We believe, therefore, known and accepted, that *e, a,- o* (not ablaut version of e) and *ë, a, o* reflect *e* with preceded or follows *e* in one of its three forms, namely eg+e = e; E2 + e = a; Ez + e = o; e + eg = e; e + E2 = a; e + Ee = o. These kinds of e, according to E. Benveniste, left trace in the Hettic language [4, 91-92].

With regard to the grammatical structure of the Hattic, according to I.M. Dyakonov it begins to emerge thanks to works of E. Forrer, E. Laroche, I.M. Dunaevskaya and A. Kammenhuber, which grammatical struture is a feature of striking structural similarity to the north-west governmental Caucasian languages (Abkhaz-Adyge), which in itself is not proof of kinship between them and the Hattic (since a similar grammatical structure can existe in unrelated languages), but does this kind likely. From the side of audio material of grammatical indicators, as it seems, according to I.M. Dyakonov, there is nothing that would indicate against Hattic relationship with Abkhaz-Adyge languages, and there are also some, but, scarce and very controversial data about possible kind of it with the languages of the South Caucasus (Kartvelian or Ibero-Georgian) (Dyakonov, 1968). Thus, a great actuality acquire modern scientific researches, devoted to the ancient languages and cultures.

About 5 thousand years ago, the ancient ancestors of the Adyges , Ubykhs, Abkhaz and Abaza occupied a vast territory, which covered the central and western parts of the North Caucasus, all the eastern and southern coast of the Black Sea, as well as a large part of Asia Minor. According to scientists, the whole of the territory in the III and II millennium BC occupied tribes directly belonging to Abkhaz - Adyghe language group, or speak a language related to Abkhaz - Adyghe languages.

Thus, in ancient times, according to investigators, Adyghes and Ubykhs and Abaza (Abazins) constituted a single group of tribes that had a common name and a common language. Splitting their common language - basis was occurred at a later time - the middle of the II millennium BC and the differences that exist between the Abkhaz, Ubykh and Adyghe languages, developed later - as a result of their self-development. Therefore, as noted by the investigators the ancient history of Adyghes is closely intertwined with the historical fate of the Ubykh, Abhaz and Abaza and, in turn, one of the oldest ancestors of Abkhaz - Adyghes, whose names have come down to us, are the set of Hatts and cascks tribes, lived in III - II millennium BC in Asia Minor. For example, in the documents related to the 2236 – 2200 yy. BC is maintioned the king of Hatti - Pamba, whose name corresponds to the modern Abkhaz male and female names Pamba and Pemba. Finally, as a result of a long study of Hattic texts by famous Soviet and foreign specialists (I.M. Dunaevskaya, I.M. Dyakonov, V.V. Ivanov, V.G. Ardzinba, G.F. Turchaninov, E. Forrer, E. Laroche, A. Kammenhuber, H.Z. Schuster and others) is set the meaning of many words, revealed some features of the grammatical structure of the Hattic language. All this has allowed finally determine the genetic relationship of the grammatical structure of a Hattic and Abkhaz - Adyghe languages. In addition to linguistic affinity, scientists have long paid attention to the significant similarity of the ancient religious beliefs (individual titles of Hattic and Abkhaz - Adyghe gods are the same in form and scope of their activities (for example, Hattic god "Uashho" and the ancient adyghe Uashhue) and Hattic myths with some Nart epic stories of the Abkhaz-Circassians (struggle with the serpent god of thunder, the image of the blacksmith god, etc.). For example, G.F. Turchaninov writes that after fonetizirized syllabo-icons of Maikop barrow by the oldest written monuments of Ashuy are related already to the Bronze Age (XIX - XVI centuries BC), entirely syllabic texts of bronze tablets, Spatula and stone stelae from the colony of Ashuy slaves in the Bible in ancient Phoenicia [6, 19] . As is known, ashuyts – are Abkhaz, Abaza and Ubykh (extinct) people. It should be noted that the

G.F. Turchaninov recalled with gratitude M. Dunua, A. Irku, I. Knobloch, I. Friedrich, I.B. Basariya, Z.M. Gabunia, R.N. Klychev, A.N. Kononov, M.A. Korostovtsev, V.S. Orelkin, K.S. and T.P. Shakril, who were interested in his findings [6, 24].

Of particular interest are the Hurrians (one of the ancient ancestors of Nakh-Dagestani peoples) that the Hatts were mixed in Asia Minor and had close ties, there was a myth about the birth of the hero from the cliffs, just as from the stone sledge was born Sosruko. In another text from Hettic kingdom contains the story of how the wheel cut feet to the hero. How here not remember, as the author notes, the same Sosruko, whose death was also associated with a wheel - Jean - sherh, who deprived of his legs, and, finally, it should be noted that the ancient name of Hatti still preserved as the basis of one of the Adyghe subethnoses hat - ykuey - 'hatukay'. Since ancient self-name of Hatts associated likely numerous Circassian names as Hete 'Hata' Hetkue 'Hatko', Hetu 'Hatu' Hetykue 'Hatuko', etc.

Literature

1. Dyakonov I.M. Prehistory of Armenian nation. – Yerevan, 1968.
2. Ivanov V.V. Hettic language. – M., 2001.
3. Kopsergenova V. Shumerians. - Cherkessk, 2012.
4.Kumakhov M.A. Comparative-historical phonetics of the Adyghe (Circassian) languages. – M., 1981.
5. Tikhonova А.П. Sound correlations of consonants and vowels in Hutt and Abkhaz-Adyghe languages // Vestnik Shengyuan. – Maykop. – Vol. 2 (140). 2014.
6. Turchaninov Г.Ф. Discovery and decipherment of ancient writing of the Caucasus. – M., 1999.
7. Shomakhova T.M., Pkhitikov H.M. Hatts in ancient languages and cultures. – Moscaw, 2015.

Bormotov I.V.
Cand.Phil.Sci., associate professor of philosophy, history and law
Tula branch of Financial University
under the Government of the Russian Federation
benaris1954@yandex.ru
Ovchinnikova N.V.
Cand.Philol.Sci., senior teacher of department of philosophy, history and law
Tula branch of Financial University
under the Government of the Russian Federation
ovchinnikova80@mail.ru

THE CONSERVATIVE CHOICE OF RUSSIA

The great Russian philosopher N. Berdyaev saw "the sense of conservatism - in obstacles in way which it places manifestations of animal and chaotic elements in human societies. These elements always move in the person, and it is connected with a sin. Energy of conservatism has to be also immanent to the people, as well as energy creative, it cannot be exclusively external for him" [1,53,55]. In other works he noted that "normal and healthy existence and development of society without conservative forces" is impossible [2,565].

These words of the Russian humanist rely on theoretical tradition of representatives of the Russian conservatism of the XIX century who prove such fundamental concepts as: value, basis, norm(rate), benefit. The Russian conservatives, according to A. Denikin, proceeded from the belief that by means of integral knowledge life is understood, and in it the original essence of spiritual and practical development of the world guaranteeing social stability consists. Instead of ontology of history and the nature the ontology of values and norms(rates) is offered. Such statement of a question leads to the shift in ontology of relationship of object and subject.

The idea of "the anthropic principle" is the cornerstone of the Russian conservatism. This position in general can be presented in the following form: "The valuable basis of life does not need rational justification because itself is a maternal bosom of any forms of development of the world including rational. For conservatism the axiological factor is unremovable reality and a starting point of research" [3,55].

Specific features of the Russian conservatism are revealed by the fact that in its basis absent transcendental subjectivity is absent, as well as the individual subjectivity (life philosophy, existentialism, etc.).

These features are reflected in the initial installations on general and analyze the relevant system of methods of research. They assume the following justification:

- *the explanation of life of social system* is carried out in the aspect of search of valuable substrate of the universe. The originality of the Russian culture of the XIX century consists in its increased feeling of an ideal, but not simply "moral";

- *totality of the valuable moment in life comprehension*. The theoretical reflection, revelation, esthetic experience, moral conviction, aspiration to the pragmatical purposes are subordinated to an axiological context;

- *valuable determination* is carried out from the present, i.e. social life is possible because in society always there are static valuable relations which create motivation of the subject.

All this makes the problem of search of a new form of justification of conservatism very acute. *"Modern Russian conservatism"* can perform this function. This phrase can express a certain level of development of conservatism (for example, old or new, traditional or modern). Such choice is reasonable owing to the following variety of reasons:

- *first*, conservatism does not appear from nowhere, it is result of the traditions developing during certain time, religious views, the family relations. In conservative ideology were initially shown two different(various) according to the contents(maintenance) and forms of implementation of installation: apologia of the existing public order and nostalgic experience of the lost social status. Thus such ideological installations as: recognition of generality of a moral order, the ontologic status of social hierarchy, limitation of human reason and imperfection of a human nature in general, preference to the settled institutes and communities - can be combined variously depending on a historical situation in which there is a specific society at a certain stage of the development.

All this allows to provide in the most general sense *conservative values* as a positive assessment of historical tradition, consideration of history of the state and the nation as a sample for imitation, aspiration to keep succession to national and cultural roots of the people. They are directed to the observance of values of patriotism, civic consciousness, freedom, justice, tolerance, social solidarity, a family, religion, etc.;

- *secondly*, conservatism is a certain form of self-expression of the person in those social conditions which are only developing in modern Russian society. Orientation to conservatism is inherent more to representatives of the senior generation who have a profound life experience. At the same time some part of modern young people is initially quite susceptible to conservative system of values: orthodox youth, and its very considerable segment, in much smaller degree - students humanists. However, this explicit minority makes a certain percentage. According to A. Minakov "in society where there is no rigid regulation of behavior tradition, it is inevitable. It is convinced that the role and the importance of such youth will increase as the role of conservative values becomes more powerful in this brave new world. Because the call to these values is stronger, the return reaction" will be brighter and more convincing [4,107].

So, for example, the Russian youth in its aspirations is guided by the conservative, traditional values representing a deep layer of domestic culture which, despite all transformations is connected with the destruction of traditional foundations of the society and continues to dominate in the consciousness of young Russians;

- *thirdly*, conservatism in its basis has a certain axiological set which distinguishes it from other valuable orientations: conciliarity, great power statehood, patriotism, civic consciousness, freedom, justice, tolerance, social solidarity, family, religion, etc.

Thus, consideration of a conservative choice allows us to note that the ideas of conservatism which found reflection in works of the Russian philosophers of the beginning of the XXth century continue to define axiological appearance of modern Russian society.

Literature:

1. Berdyaev *of N. A.* The Philosiphy of an inequality. M.: Institute of the Russian civilization. 2012. 624 pages.

2. Berdyaev of N. A. The Philosiphy of freedom. M.: Nuclear heating plant, 2002. 733 p.

3. Denikin A.V. Conservatism and liberalism in social and philosophical thought of the XIX century: formation of methodology. M, 2000. 192 p.

4. Minakov A. Conservatism is a brilliant intellectual direction//Notebooks on conservatism: Almanac of ISEPI Fund. M.: Non-commercial(Noncommercial) Fund - Institute of social and economic and political researches, 2014. No. 1. Page 106-112.

Баирова Н.С., Тодаева А.С., Утнасанова Г.О., Харлашкеева С.Б.,
студентки 2 курса экономического факультета
Кованова Е.С.
к.э.н., старший преподаватель кафедры бизнеса и
информационных систем в экономике
ФГБОУ ВО «Калмыцкий государственный университет им.Б. Б.
Городовикова»

nyudlya97@mail.ru aysatodaeva@icloud.com kharlashkeeva@mail.ru

НАПЛЫВ МИГРАНТОВ В ЕВРОПУ КАК УГРОЗА ЕЕ ЭКОНОМИЧЕСКОЙ БЕЗОПАСНОСТИ

Европа переживает крупнейший со времен Второй мировой войны миграционный кризис, вызванный, в первую очередь, рядом вооруженных конфликтов и экономическими проблемами в странах Ближнего Востока и Северной Африки. Следовательно, огромное количество жителей были вынуждены искать помощь в Европе. В связи с военными действиями на их родине они пытаются всеми возможными способами покинуть ее в поисках убежища и лучшей жизни. Большая часть из них пробирается через Турцию в Грецию и затем направляется в другие страны ЕС. По данным статистической службы Европейского союза, в 2015 году в Евросоюз прибыли более 1 миллиона мигрантов [1].

Миграция населения играет огромную роль в развитии человечества, так как на протяжении веков помогала приспособиться к меняющимся условиям окружающей среды. Она являются неотъемлемой частью современных социальных, экономических, а также демографических процессов в любой стране. Современные экономисты понимают под миграцией населения перемещения людей работников, связанное, преимущественным образом, с изменением места жительства и места работы. Но большинство мигрантов выражают нежелание адаптироваться к новым условиям жизни и работы, приспосабливаться и принимать во внимание жизненный строй и культуру титульного народа населения принимающих стран. Это и вызывает серьезную угрозу безопасности стран, которые принимают их. Потребность в защите от нежелательных внешних воздействий и радикальных внутренних изменений, иначе говоря, потребность в безопасности – это базовая, основополагающая потребность, как жизни отдельного человека, семьи, так и различных объединений людей, включая общество и государство [2,106].

К основным угрозам неконтролируемой массовой миграции следует отнести:
1) угрозу территориальной целостности государства;
2) угрозу распространения терроризма;
3) угрозу трансформации существующей системы международных отношений в Евросоюзе;

4)	политическую нестабильность;

5)	угрозу экономической безопасности страны-реципиента;

6)	деформацию этногеографической структуры населения;

7)	угрозу распространения эпидемий и заболеваний [3,6].

В первую очередь это оказывает огромное влияние на экономическую безопасность страны. Понятие «экономическая безопасность страны» отражает создаваемые государством условия, гарантирующие недопущение нанесения хозяйству страны непоправимого ущерба от внутренних и внешних экономических угроз, а также предотвращение утечки конфиденциальной экономической информации из фирмы, нарушения коммерческой тайны, осуществления экономических диверсий. Как показывает мировой опыт, обеспечение экономической безопасности - это гарантия независимости страны, условие стабильности и эффективности жизнедеятельности общества, достижения успеха. Поэтому обеспечение экономической безопасности принадлежит к числу важнейших национальных приоритетов [4,14].

Проблемы обеспечения экономической безопасности любой страны привлекают к себе все более пристальное внимание политических и общественных деятелей, ученых, преподавателей самых широких слоев населения. Такое внимание отнюдь не случайно. Масштабы угроз и фактический ущерб, которые могут быть нанесены экономической безопасности страны, выдвигают эти проблемы на одно из первых мест в общественной жизни.

Таблица 1.

Численность иммигрантов за 2010 г. и 2013 г., тыс. чел.

Страны ЕС	Численность иммигрантов			
	2010	% от общей численности иммигрантов	2013	% от общей численности иммигрантов
Австрия	70,978	2,35	101,886	3,25
Бельгия	135,281	4,48	118,256	3,77
Великобритания	590,950	19,57	526,046	16,76
Германия	404,055	13,38	692,713	22,07
Испания	360,705	11,94	280,772	8,94
Италия	458,856	15,19	307,454	9,79
Нидерланды	126,776	4,20	129,428	4,12
Польша	155,131	5,14	220,311	7,02

Румыния	149,885	4,96	153,646	4,89
Франция	307,111	10,17	332,640	10,60
Швейцария	161,778	5,35	160,157	5,10
Швеция	98,801	3,27	115,845	3,69
Итого	3020,307	100	3139,154	100

Источник: таблица составлена авторами на основе данных статистической службы Европейского союза http://ec.europa.eu/eurostat

На основе данных таблицы можно отметить, что количество иммигрирующего населения в большинстве стран растет, что в первую очередь было связано с нестабильностью политической ситуации и низким уровнем жизни. По сравнению с 2010 годом численность иммигрантов увеличилась в 1,07 раз.

Численность мигрантов за 2010 г. (%) **Численность мигрантов за 2013 г. (%)**

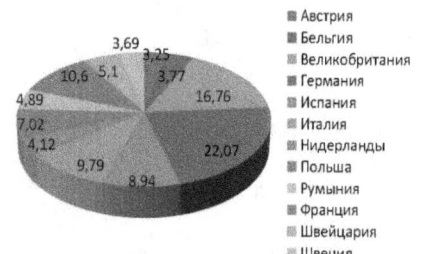

Рис. 1 «Численность мигрантов за 2010 г. в процентном соотношении от общего населения стран Европы» Источник: диаграмма составлена авторами на основе данных статистической службы Европейского союза http://ec.europa.eu/eurostat

Рис. 2 «Численность мигрантов за 2013 г. в процентном соотношении от общего населения стран Европы» Источник: диаграмма составлена авторами на основе данных статистической службы Европейского союза http://ec.europa.eu/eurostat

На основе данных Рисунка 1 и 2 наибольший прирост международных мигрантов в 2010 году отмечался в Великобритании, Италии, Германии и Испании. На 2013 год Германия занимает первое место по числу прибывших мигрантов, число которых за три года увеличилось на 9%, в Польше на 2%, а в Великобритании, Испании, Италии, наоборот, наблюдается спад потока мигрантов. В оставшихся странах особых изменений не выявлено.

По данным Евростата, за 2015 год в Евросоюз прибыло 1,25 миллиона беженцев из стран Ближнего Востока, Северной Африки, из них около 90 тысяч детей, не достигших 18 лет, которые прибыли без сопровождения взрослых. Сильный скачок миграции обусловлен различными факторами как экономического, так и политического характера. По большей части мигрантами являются жители Сирии, Афганистана, Ирака, Ливии. Они вынуждены покинуть родные страны из-за войны, безработицы и голода. Расширение влияния «Исламского государства», бесконтрольные действия террористов, отсутствие средств к существованию- все это причины стремления попасть в страны Европы. Порядка 35% беженцев стремятся попасть в Германию, затем в Венгрию и Францию. Огромное количество иммигрантов заставляет задуматься местных жителей о безопасности себя и своей страны, так как Европа не в силах контролировать нескончаемый поток беженцев. Зачастую определенные группы прибывших совершают кражи и насильственные преступления, нападения, кроме того, немалая часть бюджета идет на содержание приезжих, в результате чего коренное население стало устраивать митинги и протесты. Подобные события ставят под угрозу не только социальную, но и экономическую безопасность страны в целом. По мнению экспертов, то, что переживает сегодня Европа, — это лишь первая волна, будет и вторая, и третья. Отсюда можно сделать вывод, что ситуация с беженцами необратима и в дальнейшем будет только обостряться.

Список использованной литературы

1. Евростат – статистическая служба Европейского союза http://ec.europa.eu/eurostat
2. Кованова, Е. С. Оценка влияния внутренней трудовой миграции населения на экономическое развитие региона / Н. А. Эльдяева, Е. С. Кованова // Вестник УМО. – 2015. - №6. – С. 106-111.
3. Полковник А. Маринин Неконтролируемая массовая миграция – угроза европейской безопасности / Полковник А. Маринин // Зарубежное военное обозрение. – 2015. – №10. – С. 3-12.
4. Райзберг Б.А., Лозовский Л.Ш., Стародубцева Е.Б. Современный экономический словарь. - 6-е изд., перераб. и доп. - М.: ИНФРА - М, 2011. – 512 с.

Ткаченко И.Н.,
д. э. н., профессор, УрГЭУ, зав. Кафедры корпоративной экономики и
управления бизнесом,
tkachenko@usue.ru,
Сивокоз К.К.
магистрант, УрГЭУ,
ksivokoz@gmail.com

ИССЛЕДОВАНИЕ ВЛИЯНИЯ КЛЮЧЕВЫХ СТЕЙКХОЛДЕРОВ НА ФИНАНСОВЫЕ ПОКАЗАТЕЛИ ПРОЕКТА МЕТОДОМ ОПЕРАЦИОННОГО АНАЛИЗА

*Стейкхолдеров всегда на одного больше, чем вы знаете, а те,
которых вы знаете, имеют минимум на одну потребность больше, чем
вам сейчас известно.*
Том Гилб

Сложная политическая и финансовая ситуация последних лет заставляет каждую корпорацию, заинтересованную в дальнейшем процветании, укреплении своей финансовой устойчивости и стратегическом развитии, задумываться о построении эффективной модели сотрудничества со своими стейкхолдерами.

Сейчас как никогда ранее важен не только интерактивный отклик на запросы заинтересованных сторон корпорации и каждого её проекта. Необходимо заблаговременное выявление всех влиятельных стейкхолдеров и моделирование их воздействия на компанию с целью принятия предупредительных мер и страхования рисков, которые несут в себе заинтересованные стороны корпорации и проекта.

Стейкхо́лдер (англ. stákeholder) (заинтересованная сторона, причастная сторона) — физическое лицо или компания, имеющая права, долю, требования или различные интересы относительно системы или её свойств, удовлетворяющих их потребностям и ожиданиям. [1]

Стейкхолдеры обеспечивают возможности для системы и являются источником требований для системы. [2]

Кроме того, стейкхолдеры рассматриваются в контексте процесса принятия решений как физические лица или организации, зависящие от результатов принимаемых решений. Определение того, кто является стейкхолдером по отношению к принимаемым решениям, должно быть установлено заранее. Очень часто этого не происходит — стейкхолдеры не обозначаются до принятия решений. Однако, как только решение будет объявлено или реализовано, все, кто хоть как-то был затронут этим решением, выскажут своё мнение.[3]

Как писал Фримен, теория стейкхолдеров (заинтересованных сторон) заключает в себе универсальный подход к ведению бизнеса. Бизнес — это лишь часть объединенного моралью мира, в котором мы живем. Национальные и культурные особенности стран, безусловно, имеют значение, но еще не встречалась компания, у которой бы не было покупателей, поставщиков и работников, и которая не имела бы отношений с местным сообществом.

Теория стейкхолдеров полностью основана на практике. Бизнес воплощен в своих стейкхолдерах. Бизнес — это покупатели, поставщики, сотрудники, инвесторы и общественные организации. Однако существует опасность, что бизнес станет уделять слишком много внимания какой-то одной заинтересованной стороне. Соответственно, встает вопрос о балансе интересов стейкхолдеров.[4]

Корпоратизация, ведущая к изменению системы экономических и социальных отношений на всех уровнях развития экономики, обусловила возникновение объективной потребности в эффективном взаимодействии разных групп держателей интересов.

Стейкхолдерская модель корпоративного управления позволяет согласовывать разнонаправленные интересы участников корпоративных отношений.[5]

Поэтому управление стейкхолдерами – одна из важнейших задач современного предприятия.

Цель статьи заключается в анализе проекта монетизации продукта «Аудит юзабилити» компании «Яндекс», предоставлении рекомендаций и внесении предложений по усовершенствованию подходов к управлению стейкхолдерами проекта. Влияние стейкхолдеров на финансовые показатели проекта предлагается исследовать при помощи метода операционного анализа.

Поставленная цель потребовала решения следующих задач:

1.Исследование методики определения операционного левериджа как инструмента воздействия стейкхолдеров на прибыль проекта.

2.Формирование рекомендаций и предложений по усовершенствованию подходов к управлению стейкхолдерами проекта «Аудит Юзабилити».

Объектом исследования статьи является компания «Яндекс» и одно из структурных подразделений компании – «Группа оптимизации рекламы» в составе «Департамента продаж и развития бизнеса». «Яндекс» - компания корпоративного типа, численность Совета директоров которой составляет 9 человек, а головной компанией холдинга является зарегистрированное в Нидерландах акционерное общество Yandex N.V., акции которого обращаются в основном на NASDAQ с более 50 % free float на 2014 год [6].

Предмет – система управления стейкхолдерами отдельного проекта по новой услуге компании – «Анализ юзабилити сайтов».

Операционный анализ применительно к методике построения системы управления стейкхолдерами проекта представляет собой технологию проведения расчётов прибыли в зависимости от факторов, относящихся к взаимодействию с важнейшими группами стейкхолдеров (таблица 1):

- затраты на взаимодействие с собственниками;
- затраты на взаимодействие с сотрудниками;
- затраты на взаимодействие с клиентами;
- затраты на взаимодействие с властью.

Проведем операционный анализ по следующей методике:

1. Выделим пул значимых стейкхолдеров проекта и спрогнозируем бюджет затрат на взаимодействие с каждым из них.

На данном этапе формируется бюджет затрат на работу с заинтересованными сторонами, единовременных либо распределённых во времени реализации проекта.

Таблица 1 - Факторы операционного анализа для определения влияния стейкхолдеров на проект[1]

Фактор	2016 – 2017 гг.
1. Затраты на взаимодействие с собственниками (обеспечение прозрачности информации; контроль за сроками и качеством проекта)	120 000 руб.
2. Затраты на взаимодействие с сотрудниками (индексирование зар. платы; обучение)	1 035 640 руб.
3. Затраты на взаимодействие с клиентами (развитие продукта; скидки)	1 884 000 руб.
4. Затраты на взаимодействие с властью (налоги с зар. платы сотрудников)	4 390 380 руб.
Итого	7 430 020 руб.

2. Рассчитаем силу воздействия рычага по каждому из анализируемых факторов (таблица 2), используя формулу расчета СВПР

СВПР стейкхолдера = Затраты на стейкхолдера/Прибыль проекта

Таблица 2 - Расчет СВПР для факторов 1 – 4[2]

Показатель	Формула	2016 – 2017 гг.
СВПР$_1$	Ф1 / П	0,02
СВПР$_2$	Ф2 / П	0,20
СВПР$_3$	Ф3 / П	0,37
СВПР$_4$	Ф4/ П	0,85

---

[1] Составлено автором по [7;8]

[2] Составлено автором по [7;8]

3. *Проведём анализ чувствительности прибыли к изменению каждого фактора по формуле*

$$\Delta П\% = \pm СВПР_{фактор} * \Delta Ф\%$$

где $\Delta П\%$ - процент изменения прибыли;

Ф – фактор (стейкхолдер);

$\Delta Ф\%$ - процент изменения анализируемого фактора.

Для определения чувствительности прибыли к каждому фактору, возьмём параметрический ряд (от -10% до +10%) с шагом 2%.

Анализ чувствительности прибыли к изменению каждого фактора показан в таблице 3.

Таблица 3 - Чувствительность прибыли к изменению факторов 1 – 4[3]

Факторы	СВПР	Процент изменения прибыли при изменении анализируемого фактора									
		-10	-8	-6	-4	-2	2	4	6	8	10
Собственники											
2016-2017г.	0,02	-0,2	-0,16	-0,12	-0,08	-0,04	0,04	0,08	0,12	0,16	0,2
Сотрудники											
2016-2017г.	0,2	-2	-1,6	-1,2	-0,8	-0,4	0,4	0,8	1,2	1,6	2
Клиенты											
2016-2017г.	0,4	-4	-3,2	-2,4	-1,6	-0,8	0,8	1,6	2,4	3,2	4
Власть											
2016-2017г.	0,85	-9	-7,2	-5,4	-3,6	-1,8	1,8	3,6	5,4	7,2	9

4. *Определим критическое значение анализируемого фактора (КЗАФ) по формуле*

$$КЗАФ = Ф * \left(1 \pm \frac{1}{СВПР_{фактор}} \right)$$

где КЗАФ - критическое значение анализируемого фактора;

СВПРфактор - сила воздействия рычага по каждому из анализируемых факторов;

Ф – фактор (прибыль, затраты).

Расчёт критического значения анализируемого фактора показан в таблице 4.

Таблица 4 - Расчёт критического значения анализируемого фактора, руб.[4]

Фактор	2016 – 2017 гг.
1. Затраты на собственников	6 120 000
2. Затраты на сотрудников	6 213 840
3. Затраты на клиентов	6 594 000
4. Затраты на GR	9 268 580

---

[3] Составлено автором по [7; 8]

[4] Составлено автором по [7; 8]

5. *Рассчитаем точку безубыточности в натуральном и денежном выражении, запас финансовой прочности в натуральном и денежном выражении для всего проекта (таблица 5)*

Расчет приводится с учетом следующих прогнозируемых показателей проекта: постоянные затраты 11372600 руб., переменные затраты 400340 руб., стоимость единицы продукции 40000 руб., количество оказанных услуг 840 шт.

Таблица 5 - Расчёт точки безубыточности и запаса финансовой прочности[5]

Год	Точка безубыточности в натуральном выражении, шт.	Точка безубыточности в денежном выражении, руб.	Запас финансовой прочности в натуральном выражении, шт.	Запас финансовой прочности в денежном выражении, руб.
2016 – 2017 гг.	288	11 520 000	552	22 080 000

На основании проведённого операционного анализа стейкхолдерской модели проекта монетизации «Аудита Юзабилити» можно сказать, что *наибольшее влияние на прибыль компании оказывает фактор «Затраты на взаимодействие с властями». Сила воздействия цены на прибыль в 2016-2017 годах составит 0,85. Наименьшее влияние на прибыль компании оказывают расходы на взаимодействие с собственниками, сила их воздействия на прибыль в 2016-2017 годах могла бы составить 0,02.*

Ввиду того, что проект реализуется на практически готовой материальной базе и продуктом является инновационная услуга, он имеет большой объём запаса финансовой прочности по цене (22 080 000 руб.) Такое положение предоставляет свободу руководителю проекта при проведении той или иной ценовой политики.

Исходя из теоретического материала, приведенного в работе, можно сделать вывод о принципиальной важности стратегического планирования целей, задач компании и проекта, а также управления стейкхолдерами корпорации и проекта.

Изучив методику управления стейкхолдерами проекта, сделан вывод о своевременности и важности применения данных мер для проекта «Аудит Юзабилити».

Согласно изученной методике рассчитано влияние значимых стейкхолдеров на проект, определено состояние проекта с учётом применения модели управления заинтересованными сторонами.

---

[5] Составлено автором по [7;8]

1. ISO 2150: [Электронный ресурс]. – Режим доступа: http://iso21500.ru/
2. OMG Essence: [Электронный ресурс]. – Режим доступа: http://www.omg.org/
3. Systems Engineering Principles and Practice: [Электронный ресурс]. – Режим доступа: http://onlinelibrary.wiley.com/book/10.1002/0471723630
4. Авторитетное мнение, Э. Фримен: [Электронный ресурс]. – Режим доступа: http://journal.spbu.ru/?p=2619
5. Влияние глобализации на развитие стейкхолдерской модели корпоративного управления, Ткаченко И. Н.: [Электронный ресурс]. – Режим доступа: http://cyberleninka.ru/article/n/vliyanie-globalizatsii-na-razvitie-steykholderskoy-modeli-korporativnogo-upravleniya
6. История бизнеса Яндекса: [Электронный ресурс]. – Режим доступа: http://company.yandex.ru/about/business/
7. В.В. Бочаров. Финансовый анализ: [Электронный ресурс]. – Режим доступа: http://www.deepfinance.ru/finances-2273-1.html
8. Анализ финансового состояния предприятия: [Электронный ресурс]. – Режим доступа: http://afdanalyse.ru/publ/operacionnyj_analiz/teorija/operacionnyj_analiz/25-1-0-74

Архипенко А.Д.
студентка 3 курса, Институт управления бизнес-процессами и экономики,
Сибирский федеральный университет
Дулепова В.Б.
к.э.н., доцент, кафедра «Теоретические основы экономики» Институт
управления бизнес-процессами и экономики
Сибирский федеральный университет

ПРИМЕНЕНИЕ ЦИФРОВЫХ ТЕХНОЛОГИЙ В НЕФТЕГАЗОВОМ КОМПЛЕКСЕ С ЦЕЛЬЮ ОБЕСПЕЧЕНИЯ КАЧЕСТВЕННЫХ ИЗМЕНЕНИЙ НА ВСЕХ ЭТАПАХ ПРОИЗВОДСТВЕННОГО ЦИКЛА

Нефтегазовый комплекс занимает уникальное положение в экономике РФ: наша страна до сих пор является одним из лидеров мировой энергетики и одним из крупнейших экспортеров сырой нефти и природного газа. Доля нефтегазовой отрасли в экономике России в последнее десятилетие превысила 1/3 ВВП, а доходы от экспорта углеводородов составляют, по разным оценкам, 50% доходов Федерального бюджета РФ, поэтому динамика экспорта нефти и газа оказывает прямое влияние на устойчивость экономики нашей страны и реализацию значимых национальных проектов.

Однако невозможно не замечать, как уже второй год подряд ситуация на нефтяном рынке развивается самым драматичным образом. Высокая степень неопределенности, существующая на нефтяном рынке в современных условиях, объясняется действием огромного числа противоречивых и изменчивых факторов экономического и политического плана. Скорость этих изменений постоянно нарастает, а глубина трансформации увеличивается. В текущей ситуации ошибки стоят дорого для компаний, и для того, чтобы обеспечить устойчивость предприятий нефтегазового комплекса и дальнейший рост требуются кардинально новые решения и новые пути развития бизнеса, в создании которых главная роль будет принадлежать современным цифровым технологиям.

Цель данной работы – обосновать необходимость использования современных цифровых технологий для развития нефтегазового комплекса в контексте вызовов, стоящих перед ним.

Задачи:

1) провести анализ и оценку макроэкономических факторов, влияющих на развитие нефтегазовой отрасли, выявить внешние угрозы и вызовы;

2) провести анализ и оценку параметров и динамики развития нефтегазового комплекса, выявить внутренние негативные и позитивные тенденции;

3) провести анализ современных цифровых трендов с точки зрения их применимости и возможности внедрения на предприятиях нефтегазового комплекса.

В ходе анализа перспектив развития нефтегазовой отрасли нами были выделены следующие основные блоки проблем.

1) Низкие цены на нефть. Начиная со 2-ой половины 2014 года цены на нефть начали стремительно падать. В январе 2016 был достигнут 12-летний минимум. Всякий раз, когда средняя годовая цена нефти падает на 1 доллар, российский бюджет теряет 2,2 млрд. долл., ВВП — 0,10%, а население — 0,14% доходов.

2) Дисбаланс спроса и предложения нефти. По данным Международного энергетического агентства (МЭА), равновесие восстановится лишь к 2017-2019 гг., но существует опасение, что огромные накопленные мировые запасы нефти не дадут ценам подняться в значительной степени [1].

3) «Восточный вектор». В настоящее время в экономике наблюдается сдвиг мировой торговли нефтью в сторону быстрорастущих азиатских рынков, существуют объективные причины утверждать, что эта тенденция сохранится.

4) Коррекция темпов роста экономики Китая (6,9% в 2015 году — минимум за последние 25 лет, ввиду чего потребление нефти растет медленнее, чем ожидалось.

5) Возвращение на мировой рынок Ирана. Как сбалансируется мировой нефтяной рынок после выхода на него Ирана – до сих пор открытый вопрос.

6) Альтернативная энергетика. ВР прогнозирует в ближайшие 20 лет четырехкратный рост потребления энергии, вырабатываемой из возобновляемых источников, доля которых в производстве энергии к 2035 году вырастет до 16 % [2].

7) Автомобильный рынок. К 2030 году прогнозируется впечатляющий рост рынка электромобилей, в первую очередь, за счет снижения в 3 раза к 2030 году стоимости аккумуляторов, составляющих от 25 до 50% стоимости электромобиля.

Кроме того, ситуацию усугубляют такие внутриотраслевые тенденции, как увеличение доли логистических затрат на 1 баррель добытой нефти, сокращение инвестиций в разработку месторождений, увеличение темпов истощения месторождений, старение парка буровых установок (особенно эта проблема актуальна для России, где 60% буровых установок уже более 20 лет, и их износ превышает 70%) и старение поколения опытных профессионалов.

Очевидно, при данных условиях на рынке останутся лишь те, кто сумеет быстро адаптироваться к новым экономическим реалиям. Сегодня нефтегазовая отрасль как никогда нуждается в качественных преобразованиях. Когда каждый бизнес становится цифровым, игнорирование цифровой революции ведет компании к риску остаться вне игры.

В ходе работы нами была предпринята попытка исследовать некоторые аспекты заявленной проблемы и проанализировать, каким образом изменится будущее отрасли под влиянием следующих современных цифровых трендов:

- облачные технологии;
- мобильные технологии;
- технологии дополненной реальности;
- технологии 3D-печати;
- роботизация и автономный транспорт;
- большие данные (Big Data);
- интернет вещей.

В рамках данной статьи более подробно изложим свою точку зрения по вопросу реализации концепции «Интернета вещей» как одной из наиболее перспективных цифровых технологий будущего.

Согласно распространенному подходу, Интернет вещей (Internet of Things, IoT) представляет собой единую вычислительную сеть физических объектов («вещей»), оснащённых встроенными технологиями для взаимодействия друг с другом или с внешней средой, исключая из части действий и операций необходимость участия человека. В нефтегазовой отрасли под этим явлением можно понимать совокупность датчиков и сенсоров, которыми оснащено оборудование, объединенных в единую сеть и транслирующих данные о состоянии оборудования (или о ходе процесса, к примеру, бурения или разведки), которые после обработки, анализа и визуализации становятся доступными для принятия решений.

В ходе исследования мы выделили основные группы стейкхолдеров в рамках отрасли и ожидаемые эффекты в области применения IoT.

Операторы бурения, инженеры:

- уменьшение риска аварий, поломок, простоев оборудования;
- повышение собственной безопасности;
- сокращение продолжительности рабочих циклов;
- ускорение введения в эксплуатацию новых месторождений.

Производители оборудования, нефтесервисные компании:

- возможность мониторинга процесса использования оборудования у заказчика;
- способность формировать предложения, в большей степени соответствующие нуждам потребителей, что ведет к увеличению продаж.

Менеджеры и управленцы:

- сокращение времени принятия решений за счет мониторинга в реальном времени и быстрого анализа состояния активов, рынка, трендов, рисков и финансовых показателей;

– опережение колебаний рынка и изменения конъюнктуры.
Логисты:

– оптимизация заказов и доставки необходимого оборудования, запчастей и комплектующих, эффективное управление запасами.

В заключение, хотелось бы отметить, что при тех уровнях масштаба объемов производства, которые сейчас достигнуты в нефтегазовой отрасли, даже небольшие улучшения в эффективности могут иметь весомый финансовый эффект. McKinsey&Company было подсчитано, что к 2025 внедрение «Интернета вещей» в добывающей промышленности может приносить от 160 до 930 млрд долл. в год, причем эффект на новых месторождениях, где инструменты внедрены с самого старта разработки, может быть намного значительнее. Главная задача на настоящий момент для отечественной нефтегазовой отрасли, консервативной по своей сути и технологии принятия решений, не упустить те возможности, что несет с собой цифровая революция, и которые способны изменить ее будущее и обеспечить конкурентоспособность и устойчивое развитие.

Список литературы:

1). Medium-term oil market report 2016 [Электронный ресурс]: The U.S. Energy Information Administration (EIA) – Режим доступа: http://www.iea.org/Textbase/npsum/MTOMR2016sum.pdf

2). BP Energy Outlook 2016 [Электронный ресурс] – Режим доступа: http://www.bp.com/content/dam/bp/pdf/energy-economics/energy-outlook-2016/bp-energy-outlook-2016.pdf

3). The Internet of Things: Mapping the value beyond the hype. [Электронный ресурс]: McKinsey Global Institute. – Режим доступа: https://www.mckinsey.de/sites/mck_files/files/unlocking_the_potential_of_the_internet_of_things_full_report.pdf

4). How innovative oil and gas companies are using big data to outmaneuver the competition. [Электронный ресурс]: Microsoft White Paper – Режим доступа: http://download.microsoft.com/documents/en-us/Drilling_for_New_Business_Value_April2014_Web.pdf

Гудович Г.К.

доцент, кандидат экономических наук, Финансовый университет при Правительстве Российской Федерации, Липецкий филиал

ИССЛЕДОВАНИЕ ПРОБЛЕМ СОВЕРШЕНСТВОВАНИЯ БЮДЖЕТИРОВАНИЯ

В современных условиях на большинстве промышленных предприятий систему бюджетирования используют в качестве основного инструмента для рационального распределения ресурсов, учета затрат и осуществления контроля за выполнением плана. Такая система бюджетирования, не обладает необходимой достоверностью и достаточной оперативностью для эффективной координации всех ресурсов предприятия при решении текущих и перспективных задач, а также не обеспечивает возможность гибкой адаптации к динамичным изменениям бизнес-окружения.

Научные исследования проблем совершенствования инструментов бюджетирования ведутся в настоящее время довольно интенсивно. Значительный вклад в исследование проблем бюджетирования финансово-хозяйственной деятельности внесли зарубежные ученые: Д. Бримсон, Г. Андерсон, Р. Брейли, Т. Карлин, А. МакМин, Ш. Миллз, Б. Нидлз, Дж. Сигел, Хан Д., Дж. Шим, Марк Г. Браун, Р. С. Каплан, Д. П. Нортон и др. В последнее десятилетие различные вопросы бюджетирования исследуются российскими учеными: И.Т. Балабановым, И. А. Бланком, И.М. Волковым, Н. Г. Данилочкиной, Е. Ю. Добровольским, А.М. Карминским, В.В. Ковалевым, Г. С. Мерзликиной,О.Е. Николаевой, В. В. Репиным, В. Н. Самочкиным, Е.С. Стояновой, В. Хруцким, К. В. Щиборщ и др.

Однако остается еще широкий круг проблем, нераскрытых учеными и практиками. Несмотря на работу уже проделанную в этой области, существует ряд недостаточно разработанных вопросов. Они касаются, в частности систематизации теоретических проблем к сущности бюджетов и бюджетирования; специфических принципов бюджетирования; применения сценарного подхода; разработки системы информации для бюджетирования и механизма анализа отклонений; организационной процедуры внедрения бюджетирования и др.

В ходе проведенного исследования были проанализированы различные понятия бюджетирования. На основе анализа мнений российских и зарубежных ученых был сделан вывод, что наиболее точная трактовка этого понятия соответствует определению бюджетирования, как специфического подхода к организации управления финансово-хозяйственной деятельностью субъектов хозяйствования, в основе которого лежат: разработка бюджетов в разрезе центров ответственности;

организация контроля их исполнения; анализ отклонений от бюджетных показателей; регулирование на этой основе деятельности с целью достижения намеченных результатов.

Следует отметить, что внедрение системы бюджетирования связано с рядом проблем. Прежде всего, это отсутствие единообразия в методологии и методике комплексного финансового планирования, учета и анализа экономических показателей; разнообразие методических подходов к составлению прогнозного бухгалтерского баланса, выступающего индикатором перспектив финансового состояния экономического субъекта; наличие специфических особенностей при формировании бюджета предприятия в зависимости от его масштабов и направления деятельности. В этой связи весьма актуальной является проблема совершенствования методики бюджетирования, позволяющей планировать и контролировать экономический результат деятельности предприятия в непосредственной взаимосвязи с принципами и методами бухгалтерского учета [1, 39].

Общий порядок и методы построения системы бюджетирования бизнес-процессов предполагают использование следующих принципов: централизованное управление доходами и поступлениями; распределение ресурсов под поставленные задачи в соответствии со стратегией; выделение центров финансовой ответственности (уровней формирования бюджетов) с целью организации эффективного процесса планирования; унифицированность форматов, процедур и регламентов; конфиденциальность; единая методология; полнота отражения информации.

Основой системы бюджетирования является выделение центров ответственности — организационных единиц системы управления экономикой. Это структурно и технологически обособленное подразделение или процесс, руководитель которого наделен правом принятия решений по использованию ресурсов (материальных, трудовых, финансовых); обладает полномочиями, достаточными для обеспечения достижения поставленных целей; отвечает за выполнение установленных планов и контрольных показателей, в том числе подчиненных ему подразделений (центров ответственности нижестоящего уровня).

Цель организации бюджетирования по центрам ответственности – четко определить перечень подразделений, которые могут представить необходимую управленческую информацию для ее последующей обработки и оценки. Формирование системы бюджетного управления в части доходов осуществляется по местам возникновения прибыли.

Система бюджетного управления включает в себя процессы и объекты управления. В качестве процессов рассматриваются процедуры планирования, сбора фактических данных для контроля выполнения планов и анализа. Роль объектов управления играют бюджетные формы, технические средства обеспечения (информационные системы, электронные таблицы), персонал ЦФО, задействованный в процессе бюджетирования. Таким образом, бюджетное управление необходимо рассматривать как управление деятельностью предприятия с помощью целевых показателей, установленных для ЦФО.

В практической части исследования были рассмотрены процессы бюджетирования в конкретных организациях г. Липецка с учетом их специфических особенностей. В результате анализа рассмотрены процессы интеграции большого числа показателей в основные и вспомогательные бюджеты. Это позволило сделать вывод, что система бюджетирования недостаточно эффективна, так как с помощью нее менеджеры могут управлять, главным образом, операционной деятельностью. Между тем, следует постоянно тестировать и анализировать стратегию своей организации.

Основываясь на современных тенденциях и эффективности применения системы сбалансированных показателей (ССП или BSC), были предложены способы совершенствования процесса бюджетирования. К числу уже известных добавились новые подходы, в числе которых наиболее прогрессивным и перспективным является процессно-ориентированное бюджетирование (ABB, Activity-Based Budgeting). Так как переход всего предприятия на систему сбалансированных показателей затруднен, на первом этапе, основываясь на целях компании и на процессном управлении, предлагается ввести контрольные показатели эффективности (КПЭ) для процесса «финансы». Сбалансированная система показателей (BSC) позволяет проводить всесторонний анализ взаимосвязей внутри компании, своевременно отслеживать как позитивные, так и негативные изменения в различных сферах управления и влиять на них. Для обоснования ССП конкретного хозяйствующего субъекта необходимо разработать алгоритм, включающий ряд последовательных действий. За основу можно использовать методику разработки ССП, предложенную Н.В. Кондрашовой и Е.В. Кашинцевой [2, 45-50].

С целью определения факторов, в наибольшей степени влияющих на экономическую эффективность, оценки степени их значимости и складывающихся тенденций в их изменении, разработана модель идентификации факторов эффективности деятельности подразделений при бюджетировании и выявлены ее управленческие возможности. При разработке системы бюджетов устанавливаются ключевые показатели деятельности подразделений (BSC), которые сводятся в трехфакторную детерминированную зависимость, и, таким образом, задаются параметры деятельности на бюджетный период. Для решения этой задачи уточнен и адаптирован алгоритм формирования и выбора экономических и финансовых показателей, характеризующих эффективность финансово-хозяйственной деятельности всех центров ответственности.

Литература

1.Гудович Г.К. Исследование механизмов взаимосвязи системы бюджетирования с бухгалтерским управленческим учетом / Г.К. Гудович/ Проблемы экономики, организации и управления в России и мире: Материалы VI международной научно-практической конференции (22 октября 2014 года). – Прага, Чешская республика: Изд-во WORLD PRESS s.r.o., 2014. – с. 39 – 41.

2.Кондрашова Н.В. Возможности бухгалтерской отчетности при формировании системы сбалансированных показателей / Н.В. Кондрашова , Е.В. Кашинцева // Экономический анализ: теория и практика.— 2010.- №17. С.45-50.

Авадэни Ю.И.
канд, экон., наук, доцент
ФГБОУ ВО «Сибирская государственная автомобильно-дорожная
академия (СибАДИ)», г. Омск

ПРОЦЕСС САМООРГАНИЗАЦИИ ПРЕДПРИНИМАТЕЛЬСКИХ СИСТЕМ В УСЛОВИЯХ ТУРБО–СРЕДЫ

Вклад предпринимателей в обновление общества особенно значим в условиях переориентации экономики. Известно, что предпринимательская активность конструктивно проявляется именно на волне подъема при преодолении обществом упадка в экономике.

Огромное влияние на развитие организации оказывает возникновение турбо-среды, управление в которой связано с большим риском. В связи с этим существенное влияние на развитие организации оказывает управление временем. Проблемы персонала и финансовые проблемы накладываются друг на друга, как показано на рис. 1, вследствие чего именно в этот период турбо-среда достигает наибольших масштабов и влечет за собой неблагоприятные последствия, если вовремя не отреагировать на возникновение данной ситуации [1].

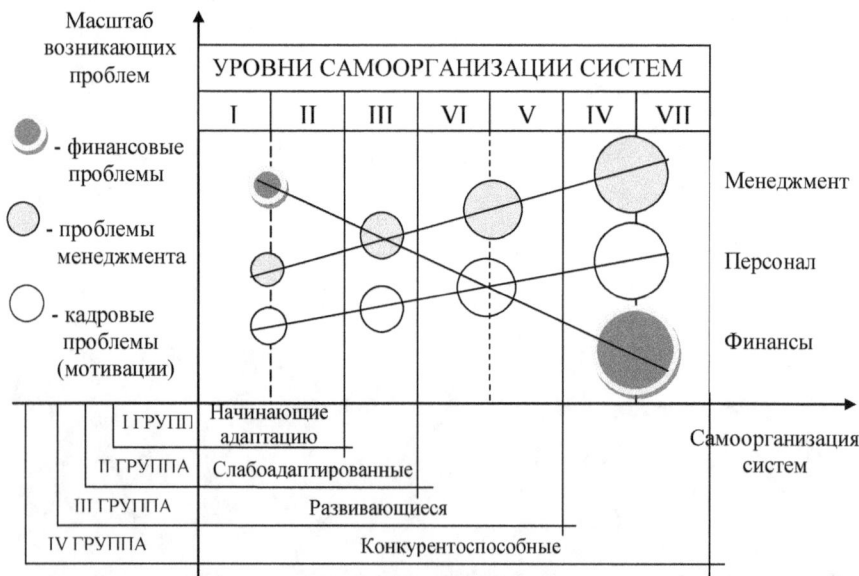

Рис.1. Динамика проблем на различных уровнях самоорганизации систем

Главным свойством предпринимательской системы является ее самоорганизация, под которой следует понимать «целенаправленный процесс, в ходе которого создается, воспроизводится или совершенствуется организация сложной динамичной системы» [2]. Свойства самоорганизации обнаруживают биологические (клетка, организм) и социальные (человеческий коллектив) системы. Самоорганизацию в предпринимательской системе делает возможным внедрение инновационных методов ведения бизнеса. В целях самоорганизации происходит объединение объекта – инновации – и субъекта – менеджера организации, являющегося проводником инновационного метода и носителем предпринимательской активности. Из сказанного вытекает, что самоорганизацию необходимо изучать в рамках действия синергетического эффекта (возрастание эффективности деятельности за счет системного эффекта (эмерджентности)) по мере прохождения следующих уровней: I – стабилизация; II – адаптация; III – самообновление; IV – саморазмножение; V – развитие; VI – эволюция; VII – самоактуализация.

Общая характеристика саморазвития предпринимательских организаций может быть представлена в виде четырех групп:

1) Предприятия, начинающие адаптацию, обладают первым и вторым уровнем самоорганизации. На стадии «стабилизация» организация осуществляет восстановление своей внутренней структуры, функций и эффективности при действии кратковременных маломощных возмущений внешней среды с помощью управляющей функции – регулирования. На стадии «адаптация» система приспосабливается путем перестройки функций, внутренней структуры и менеджмента к разрушающему влиянию длительных и постоянно действующих внешних возмущений.

2) Слабоадаптированные организации, обладают функцией и структурой самостабилизации, присущей первой группе, и дополнительно поддержкой адаптированных стратегий к рыночным трансакциям путем самовосстановления внутренних компонентов, частей, подсистем и управляющих органов организации.

3) Развивающиеся фирмы - системы с устойчивым производством, бизнесом и менеджментом, обладающие способностью реализации функций первых пяти уровней саморазвития. Также организации вырабатывают способы противодействия дезорганизующим влияниям мощных внешних факторов за счет дальнейшей дифференциации элементов и диверсификации видов деятельности и тем самым противостоят разрушающему действию более широкого диапазона угроз и возмущений внешней среды.

4) Конкурентоспособные корпорации – большие сложные системы, обладающие всеми уровнями самоорганизации и саморазвития, сложностью поведения, разнообразием реакций за внешние воздействия. Организации, входящие в данную группу, используют новые технологические, инвестиционные и управленческие операции, новую динамику взаимодействия с внешней средой, новые механизмы саморегулирования и настройки. Эти организации включают все уровни развития и используют все свои

способности и возможности в стремлении к лидерству, состязанию и соревнованию в условиях новой инновационной экономики.

Современные тенденции развития организаций характеризуются трансформацией мышления (от практического к ситуационному мышлению), трансформацией связей (от дискретного решения проблем к системному подходу), трансформацией ориентации (от ориентации на отдельные задания, группы, исполнителей к ориентации на окружающую среду), трансформацией поведения (от приростного стиля к предпринимательскому, т.е. от принятия удовлетворительных решений к лучшим решениям), трансформацией подхода (от реактивного подхода, характеризующегося максимальным временем реагирования, оптимальным временем обновления и минимальным временем планирования, к проактивному подходу, для которого характерно минимальное время реагирования, оптимальное время обновления и максимальное время планирования).

На всех указанных этапах, и вообще в рыночной экономике, предпринимательство невозможно без риска. Наличие фактора риска является сильным стимулом для экономии средств и ресурсов предпринимателями, что вынуждает их тщательно анализировать рентабельность проектов, оценивать величину риска с целью минимизации возможных потерь.

Управление самоорганизующейся системой в турбо-среде и турбо-процессами, протекающими внутри неё, требует нового подхода к ведению бизнеса [3]. Так как среда нестабильна, а риск – неизбежный элемент управляемой системы, основным инструментом менеджера становится его предприимчивость, которую он должен превратить в энергию изменений и роста. В российских организациях реализация стратегии в турбо-среде дает возможность получения синергетического эффекта лишь при проявлении максимальной гибкости и адаптивности. На этой основе строится управление устойчивостью современной организации как динамической самоорганизующейся системы.

Литература

1. Авадэни Ю.И., Шаповал В.В., Колосова Е.А., Жигадло С.В., Воронина Г.А. Предпринимательский турбо-тайм-риск менеджмент как эффективное средство обеспечения организациями конкурентных преимуществ в нестабильной внешней среде // Межвузовский сборник трудов молодых ученых, аспирантов и студентов. – Омск: СибАДИ, 2008. – Вып.5. – Ч.2. – С 8 – 11.

2. Герасимова Е.Б. Турбо-анализ современной организации: новая методология решения проблем // Вестник ТГУ. 2008. – №5. – URL: http://cyberleninka.ru/article/n/turbo-analiz-sovremennoy-organizatsii-novaya-metodologiya-resheniya-problem

3. Кей, М. Турбо-менеджмент: эволюция, управление, поведение в неоднородной среде / М. Кей. – М.: Изд-во Института психиатрии, 2003. – 277 с.

Войнова Н.Б., Черевичко К.И.

СУЩНОСТЬ, ЭКОНОМИЧЕСКОЕ СОДЕРЖАНИЕ ПРИБЫЛИ И ЕЕ РОЛЬ В УСЛОВИЯХ РЫНОЧНЫХ ОТНОШЕНИЙ

Финансовый результат – важнейший информационный показатель деятельности предприятия. Одним из проявлений финансового результата выступает показатель прибыли.

Прибыль как главная цель предпринимательской деятельности находит свое выражение в росте благосостояния собственников конкретного предприятия, так как изменение благосостояния собственников происходит за счет получения прибыли или убытков. Если организация получает прибыль, то после ее распределения собственник получает дивиденды или реинвестирует ее для создания более экономически устойчивого предприятия, в случае же убытка, либо он не получит запланированного дохода, либо понесет дополнительные затраты по возмещению убытков организации. Таким образом, результат работы организации является решающим в определении дальнейших действий собственника. Основным побудительным мотивом к продолжению деятельности является прибыльность бизнеса. Для персонала организации уровень прибыли также является достаточно высоким стимулом их деятельности. Прибыльность предприятия является не только гарантом их занятости, но в определенной мере обеспечивает дополнительное материальное вознаграждение их труда и удовлетворение ряда и социальных потребностей [1,94].

Прибыль является основным внутренним источником формирования финансовых ресурсов предприятия. В системе внутренних источников формирования этих ресурсов прибыли принадлежит главенствующая роль.

Чем больше прибыли получает предприятие, тем меньше его потребность в привлечении внешних источников финансирования. При этом, в отличие от других внутренних источников формирования финансовых ресурсов предприятия, прибыль является постоянно воспроизводимым источником и её воспроизводство в условиях успешного хозяйствования осуществляется на расширенной основе.

Финансовое состояние предприятия характеризует его конкурентоспособность (т.е. платежеспособность, кредитоспособность), использование финансовых ресурсов и капитала, выполнение обязательств перед государством и другими организациями (плата за аренду помещения, поставку материалов и т.п.).

Иначе говоря, прибыль – позитивный результат деятельности предприятия. Получение прибыли – основная задача коммерческих организаций.

Прибыль является главным источником возрастания рыночной стоимости предприятия. Способность самовозрастания капитала обеспечивается путём капитализации части полученной предприятием прибыли, то есть её направление на прирост активов. Чем выше сумма и уровень капитализации прибыли предприятия, тем в большей степени возрастает стоимость его активов, а, соответственно и рыночная стоимость предприятия в целом.[1,94]

В микроэкономике понятие прибыль определяется как превышение доходов от продажи товаров (услуг) над произведенными затратами (капиталом):

$$П = Д – И, \qquad\qquad (1)$$
где П – прибыль, Д – доходы, И – издержки производства.

Являясь важнейшей экономической категорией и основной целью деятельности любой коммерческой организации, прибыль отражает чистый доход, созданный в сфере материального производства, и выполняет ряд функций.

Анализируя функции прибыли в экономической жизни хозяйствующего субъекта, можно отметить, что прибыль необходима для:

1)   оценки эффективности работы фирмы;

2)   принятия решений, связанных с вложением средств в предприятие, покупкой его акций;

3)   достижения целей собственников–акционеров;

4)   использования данных о прибыли прошлых отчетных периодов для прогнозирования деятельности предприятия;

5)   принятия управленческих решений (необходимо анализировать финансовые результаты, для того, чтобы обосновать управленческие решения прошлых и будущих периодов);

6)   определения величины налогооблагаемой базы.

Таким образом, было выяснено, что:

1.   Прибыль – один из обобщающих оценочных показателей деятельности предприятий (организаций, учреждений).

2.   Важнейшие функции прибыли:

–   характеризует конечные финансовые результаты деятельности предприятия, размер его денежных накоплений;

–   является главным источником финансирования затрат на производственное и социальное развитие предприятия. Основной показатель эффективности производства.

В соответствии с требованиями ПБУ 4/99 «Бухгалтерская отчетность организации» организация обязана формировать следующие виды финансовых результатов:

1)   валовую прибыль;

2)   прибыль (убыток) от продаж;

3) прибыль (убыток) до налогообложения;

4) прибыль (убыток) от обычной деятельности;

5) чистую (нераспределенную) прибыль или непокрытый убыток.

Однако, что собой представляют эти показатели в названном нормативном акте не указано. Но, исходя из логики построения Отчета о финансовых результатах, каждый из приведенных показателей прибыли (убытка) может быть определен следующим образом.

Валовая прибыль (убыток) – показатель, определяемый как разница между выручкой от продажи товаров, продукции, работ, услуг за вычетом НДС и других косвенных налогов и себестоимостью проданных товаров, продукции, работ, услуг (кроме коммерческих и управленческих расходов).

Прибыль (убыток) от продаж – показатель, определяемый как разница между валовой прибылью (убытком) и суммой коммерческих и управленческих расходов организации.

Прибыль (убыток) до налогообложения – показатель, определяемый как разница между прибылью (убытком) от продаж, увеличенной на сумму процентов к получению, доходов от участия в других организациях, прочих доходов и расходов, и величиной процентов к уплате [2].

Прибыль (убыток) от обычной деятельности – показатель, определяемый как разница между прибылью (убытком) до налогообложения и текущим налогом на прибыль, скорректированный на величину отложенных налоговых активов (обязательств), сформированных с учетом требований ПБУ 18/02 «Учет расчетов по налогу на прибыль».

Чистая (нераспределенная) прибыль (непокрытый убыток) – показатель, определяемый как величина прибыли (убытка) от обычной деятельности, увеличенная (уменьшенная) на сумму чрезвычайных доходов (расходов) отчетного периода.

Следует обратить внимание, что форма Отчета о финансовых результатах, рекомендованная приказом Минфина России от 22.07.2003 г. № 67н, не предусматривает обособленного отражения чрезвычайных доходов и расходов. Однако, учитывая рекомендательный характер документов, утвержденных данным приказом, а также то, что ПБУ 4/99 относится к более высокому (второму) уровню в системе нормативного регулирования бухгалтерского учета, сформулированное нами определение чистой прибыли представляется правомерным.

Кроме того, современная практика отечественного бухгалтерского учета предполагает, начиная с составления отчетности за 2008 г., формирование еще двух показателей прибыли (убытка):

1) базовой прибыли (убытка) на акцию;

2) разводненной прибыли (убытка) на акцию.

Из названий показателей следует, что они должны определятся только акционерными обществами. Порядок их определения раскрыт в

Методических рекомендациях по раскрытию прибыли, приходящейся на одну акцию. Данными рекомендациями определено, что:

1) базовая прибыль (убыток) на акцию – это отношение базовой прибыли (убытка) отчетного периода к средневзвешенному количеству обыкновенных акций, находящихся в течение этого периода в обращении. При этом под базовой прибылью (убытком) понимается прибыль (убыток) отчетного периода после налогообложения, уменьшенная на сумму дивидендов, начисленных за отчетный период по привилегированным акциям;

2) разводненная прибыль (убыток) на акцию – это величина, сформированная путем уменьшения базовой прибыли (увеличения убытка), в следствие допущения о возможности в предстоящем отчетном периоде выпуска в обращения дополнительных обыкновенных акций без соответствующего увеличения активов, за исключением их выпуска путем дробления либо в пределах суммы дооценки основных средств, направленной на увеличение уставного капитала.

Из вышеизложенного следует, что базовым для определения понятия прибыли для целей бухгалтерского учета выступает показатель валовой прибыли. Вместе с тем, порядок его определения зависит от признания организацией доходов исходя из требований ПБУ 9/99 и расходов исходя из требований ПБУ 10/99.

В соответствии с ПБУ 9/99 доходы организации – это увеличение экономических выгод в результате поступления активов и (или) погашения обязательств, приводящее к увеличению капитала организации, за исключением его увеличения вследствие вкладов участников (собственников) [3]. В зависимости от характера, условий получения и направлений деятельности организации различают:

1) доходы от обычных видов деятельности;

2) прочие доходы.

Исходя из положений ПБУ 9/99 можно сделать вывод, что обычными для организации, являются виды деятельности, предусмотренные ее учредительными документами. Соответственно, в общем плане, под доходами от обычных видов деятельности следует понимать выручку, полученную от осуществления деятельности, предусмотренной учредительными документами организации.

Под прочими доходами следует понимать:

1) доходы от совместной деятельности;

2) поступления от реализации основных средств организации;

3) проценты за предоставление в пользование, в т.ч. кредитному учреждению, денежных средств.

4) полученные штрафы, пени, неустойки;

5) полученные безвозмездно активы;

6) поступления в возмещение убытков;

7) выявленная в отчетном году прибыль прошлых лет;

8) суммы кредиторской задолженности, по которым истек срок исковой давности;

9) суммы дооценки активов и т.п. поступления.

Для определения прибыли доходы, сформированные с учетом требований ПБУ 9/99 подлежат корректировке на величину расходов. Под расходами организации понимается уменьшение экономических выгод в результате выбытия активов и (или) возникновения обязательств, приводящее к уменьшению капитала организации, за исключением его уменьшения по решению участников (собственников).

Аналогично доходам, расходы организации подразделяются на:

1) расходы по обычным видам деятельности;

2) прочие расходы.

В общем плане, под расходами по обычным видам деятельности следует понимать расходы на изготовление (приобретение) и реализацию продукции, работ, услуг (товаров) в соответствии с учредительными документами организации.

Следует отметить, что структура ПБУ 10/99 «Расходы организации» полностью соответствует структуре ПБУ 9/99 «Доходы организации», а содержание соответствующих видов прочих расходов, включая чрезвычайные, аналогично содержанию прочих доходов, которое было нами рассмотрено выше.

Еще одним важным моментом в процессе определения показателей прибыли (валовой, от продаж и т.д.) является порядок признания доходов и расходов. Это связано с тем, что не каждый факт получения или выбытия объектов бухгалтерского учета признается в качестве дохода или расхода соответственно. Обобщение положений ПБУ 9/99 и 10/99 позволяет сформулировать следующие условия их признания:

1) сумма дохода (расхода) может быть определена;

2) доход получен, а расход осуществлён в соответствии с требованиями законодательства;

3) имеется достаточная уверенность в том, что в результате конкретной операции для организации произойдет увеличение или уменьшение экономических выгод.

Таким образом, прибыль является одной из основных экономических категорий рыночного хозяйства. Как экономическая категория прибыль характеризует конечные финансовые результаты деятельности предприятия. Она является показателем, который отражает эффективность производства, объем и качество произведенной продукции, состояние производительности труда, уровень себестоимости. Прибыль как конечный финансовый результат деятельности предприятия представляет собой положительную разницу между общей суммой доходов и затратами (расходами) на производство и реализацию продукции с учетом других хозяйственных операций. Убыток, напротив, – это отрицательная разница между доходами и расходами по всем хозяйственным операциям предприятия.

СПИСОК ЛИТЕРАТУРЫ:

1. Баженов Ю.К. Доходы, расходы и прибыль в организациях торговли. Учебное пособие. - М., Форум, 2015. - 94с.;
2. Положение по бухгалтерскому учету «Бухгалтерская отчетность организации» ПБУ 4/99;
3. Положение по бухгалтерскому учету «Доходы организации» ПБУ 9/99.

Колешня Я.А.
аспирант, Национальный технический университет Украины
«Киевский политехнический институт»
ОСОБЕННОСТИ ОЦЕНКИ ЭКОНОМИЧЕСКОЙ БЕЗОПАСНОСТИ МАЛЫХ И СРЕДНИХ ПРЕДПРИЯТИЙ

Экономическая безопасность предприятий – это важный показатель их деятельности, оценка которого важна не только для владельцев и руководителей предприятий, а и для государства в целом, поскольку именно совокупная экономическая безопасность субъектов хозяйственной деятельности формирует основу экономической безопасности страны в целом.

Вопросы оценки экономической безопасности предприятий рассмотрены многими учеными, например, В.А. Арефьева, Я.А.Жалило, А.В.Кириенко, С.Н.Ильяшенко, Е.В.Камишниковой. Однако малому бизнесу в этом контексте уделено мало внимания. Именно поэтому в статье будет рассмотрено особенности оценки экономической безопасности малых и средних предприятий.

Сегодня более 99% предприятий Украины – это малые и средние предприятия, оценка результата ведения хозяйственной деятельности которых имеет свои особенности в связи с их организационной структурой и небольшими размерами. И зачастую руководство таких предприятий не уделяет должного внимания вопросам экономической безопасности. Более того, в большинстве случаев владельцы микро-предприятий (численность работающих до 10 человек) и обращают внимание только на финансовый результат деятельности и рентабельность.

Экономическая (или, как ее называют многие авторы, финансово-экономическая) безопасность предприятия – это сложная категория, оценка которой требует расчета комплекса показателей.

С.Н.Ильяшенко в структуре экономической безопасности выделяет финансовую, интеллектуальную, кадровую, технологическую, информационную, рыночную, интерфейсную, правовую, экологическую и силовую составляющие [1, с. 16-17] (табл. 1).

Таблица 1
Составляющие экономической безопасности

Составляющая	Сущность
Финансовая	Уровень обеспеченности предприятия собственными финансовыми ресурсами, необходимыми для обеспечения устойчивого функционирования предприятия. Отвечают финансовые и экономические службы предприятия.
Интеллектуальная	Наличие на предприятии высококвалифицированных работников, уровень рационализаторской и инновационной активности, уровень образования работников и управленческих кадров. Отвечает кадровая служба.

Кадровая	Уровень текучести кадров, уровень обеспечения кадрами с необходимой квалификацией. Отвечает кадровая служба.
Технологическая	Уровень используемых технологий, уровень их морального старения, а также технологическая дисциплина на предприятии. Отвечает технологическая служба.
Информационная	Полнота, реальность и правдивость информации, которая влияет на принятие управленческих решений. Отвечает информационно-аналитическая служба.
Рыночная	Соответствие внутренних возможностей развития предприятия внешним, которые складываются в рыночной среде. Отвечает отдел маркетинга.
Интерфейсная	Надежность взаимодействия с экономическими контрагентами предприятия. Отвечают отделы маркетинга, снабжения, сбыта.
Силовая	Наличие негативного влияния (морального и физического) на сотрудников и управленческий аппарат, а также негативного физического воздействия на имущество. Отвечает служба охраны.
Правовая	Уровень правовой защищенности интересов предприятия, уровень соблюдения прав работников, возможность разглашения коммерческой тайны. Отвечает юридическая служба.
Экологическая	Наличие угрозы внешней среде и здоровью работников. Отвечает служба экологической безопасности.

Составлено автором на основании [1]

Данная система показателей призвана комплексно оценить экономическую безопасность предприятия. Однако, особенности малых и средних предприятий не позволяют применять ее в таком виде.

Первой особенностью деятельности малого и среднего бизнеса является тот факт, что владельцы предприятий зачастую не имеют специального экономического образования. Если это небольшое частное предприятие, то владелец бизнеса является и управленцем. Такие владельцы часто не осознают значения подробной оценки этих показателей и ограничиваются, в лучшем случае, оценкой прибыльности в абсолютном значении. При этом иногда не учитывается даже тот факт, что рост прибыли в денежном выражении не всегда является показателем эффективной деятельности хотя бы вследствие влияния инфляции и роста денежной массы.

Второй, и самой важной, особенностью деятельности малых предприятий является малое количество сотрудников. Так, в Украине в 2014 году в структуре субъектов хозяйствования по размерам 82,5% занимали физические лица-предприниматели [2]. Они имеет право состоять в трудовых отношениях не более чем с 10 физическими лицами. Организационная структура микро- и малых предприятий является очень простой и часто исключает наличие отделов маркетинга, снабжения, сбыта, юридической службы. Вопросы, которые находятся в компетенции данных служб, решает непосредственно сам руководитель. Зачастую, финансово-экономический отдел представляется на таком предприятии только бухгалтером (а физические лица-предприниматели иногда сами исполняют роль бухгалтера). Таким образом, возможности регулярно проводить комплексную оценку экономической безопасности с учетом всех компонент и расчетом большого количества показателей, на таких предприятиях нет. Руководитель (или бухгалтер) могут не иметь как физической возможности учесть все показатели (так как подробный анализ деятельности попросту не проводится), так и достаточного уровня знаний, чтобы уметь количественно оценить качественные показатели. Однако, пренебрегать оценкой экономической безопасности нельзя. Выходом из сложившейся ситуации может быть:

- регулярное проведение оценки экономической безопасности на основании расчета самых основных показателей (чаще всего достаточно расчета финансовых показателей), а также проведение периодической оценки силами наемных специалистов, оказывающих соответственные услуги. Однако, оплата работы наемных специалистов может быть высокой для небольших предприятий;

- упрощение системы показателей оценки составляющих экономической безопасности путем выделения наиболее важных показателей в каждой составляющей и формирование собственной упрощенной системы оценки экономической безопасности с учетом специфики сферы деятельности конкретного предприятия, численности персонала и т.д.

В сложившейся экономической ситуации, когда малые и средние предприятия стараются экономить финансовые ресурсы, для большинства из них более целесообразно будет использовать второй выход.

Таким образом, с учетом особенности деятельности субъектов малого и среднего предпринимательства, необходимо формирование системы показателей оценки экономической безопасности, которая будет направлена на минимизацию количества рассчитываемых показателей и будет учитывать специфику деятельности конкретного предприятия. Однако в то же время она должна максимально охватить все компоненты экономической безопасности, поскольку только комплексная оценка сможет показать реальное положение предприятия и наличие риска банкротства.

Литература:

1. Ильяшенко И.С. Оценка составляющих экономической безопасности предприятия // Научные труды ДонНТУ. - 2002. - № 48. - С. 16-22

2. Показатели структурной статистики по субъектам хозяйствования с распределением по их размерам [Электронный ресурс] - Режим доступа к ресурсу:
http://www.ukrstat.gov.ua/operativ/operativ2012/fin/osp/osp_u/osp_u.htm.

Горяева И.С.
студент 2го курса ФГБОУ ВПО «КалмГУ им. Б. Б. Городовикова»
onelovegis@bk.ru
Кованова Е.С.
старший преподаватель кафедры бизнеса и информационных систем в
экономике ФГБОУ ВПО «КалмГУ им. Б. Б. Городовикова»
ekovanova@yandex.ru

ИНФОРМАЦИОННЫЕ ТЕХНОЛОГИИ В ЭКОНОМИКЕ

Сегодня ни одна деятельность человека не обходится без использования информационных технологий. Информационные технологии - это процесс, использующий совокупность средств и методов сбора, обработки и передачи данных для получения информации нового качества, снижения трудоемкости и повышения эффективности процессов использования информационных ресурсов [1,14]. Все чаще под информационными технологиями понимают информатизацию, компьютеризацию и автоматизацию.

Наиболее ярким примером взаимодействия является экономическая сфера. Информационные технологии в сфере экономики - это комплекс методов переработки разрозненных исходных данных в достоверную, оперативную информацию для принятия решений с помощью аппаратных и программных средств с целью достижения оптимальных рыночных параметров объекта управления [1,14].

Довольно часто сегодня можно встретить такое понятие, как виртуальная или информационная экономика. Это связано с тем, что информационные технологии и экономика - две взаимосвязанные сферы, которые в совокупности дают положительный экономический эффект и положительный производственный результат. Без новейших информационных технологий экономика не может нормально развиваться, а государство окажется в списке отстающих. Современные информационные технологии в экономике применяются с целью эффективной и оперативной компьютерной обработки информационных ресурсов по отработанным алгоритмам, хранения больших объемов экономически важной информации и передачу ее на любые расстояния в минимальные сроки.

Информационная экономика изменила функцию денег, которые на современном этапе выступают в роли средства расчетов. Сегодня плодом развития информационных технологий стали виртуальные банки и системы оплаты, которые играют незаменимую роль в экономической деятельности государства.

Ко всему, информационные технологии помогают принимать экономически важные решения и принимают непосредственное участие в процессе эффективного управления деятельностью. Современные модели информационных технологий позволяют просчитать и спрогнозировать экономически важный результат и на его основе разработать стратегию для принятия верного управленческого решение. Также, данные модели позволяют осуществить подсчет совокупного экономического эффекта, риски и гибкость показателей системы.

Интенсивный процесс формирования глобальной информационно-телекоммуникационной среды предоставляет принципиально новые возможности в различных сферах социально-экономической деятельности человека и приводит к формированию нового типа экономической системы - «информационной (сетевой) экономики». Эта экономика основана на интенсификации использования информационного и интеллектуального потенциалов общества как основного возобновляемого ресурса его устойчивого прогрессивного развития, что обеспечивает резкое повышение ее эффективности по сравнению с материальным производством индустриального общества и, как следствие, оказывает значительное влияние на динамику развития межцивилизационных отношений. Производственное разделение труда, характеризующее высокотехнологическое производство, переходит в общемировую связь между информационными средами, центрами высококвалифицированного производства и центрами управления. Это приводит к глобализации информационной экономики и вытеснению из нее неконкурентоспособных сегментов в результате трансформации взаимодействий материальных и финансовых потоков. Таким образом, в условиях интенсивного развития телекоммуникационных связей одни доминирующие сегменты экономики высокоразвитых стран будут интегрироваться в глобальную экономическую систему, а другие - увеличивать свою изолированность от процессов накопления и потребления. Материальные и финансовые потоки будут как бы «обтекать» неконкурентоспособные регионы и сегменты экономики. При этом информационная составляющая воспроизводственного процесса станет основой благосостояния ведущих стран и их доминирующего положения в мире, усиливая информационное неравенство недостаточно конкурентоспособных стран.

Business-to-Business (B2B) - электронная коммерция между предпринимателями, отличительной особенностью которой является автоматическое взаимодействие в электронном виде систем управления предприятием.

Электронный бизнес в отличие от любого другого бизнеса не требует огромных затрат и вложений. Благодаря информационным технологиям уровень экономических возможностей в сфере промышленного производства, а так же в различных отраслях производственной деятельности стремительно вырос. Интернет-магазины и другие виды проявления электронной коммерции заняли свое место в 21 веке. И я уверена, что эта технология придет на смену многим современным видам коммерции.

Тот факт, что часть времени, которую мы раньше проводили перед экраном телевизора, сейчас мы и новое поколение проводит перед компьютерными мониторами. В Интернете становится возможным просмотр трансляции телеканалов, футбольного матча, программ новостей, телесериалов, и т.д. В связи с этим можно говорить о грядущей конвергенции телевидения и Интернета. Дорогая реклама на телеэкране уходит на второй план, в Интернете становится доступной реклама в виде баннеров размещение рекламной информации на наиболее часто посещаемых серверах или всплывающих окон, не заметить которые просто невозможно.

Если вас нет в Интернете, вас нет в бизнесе. Это утверждение Билла Гейтса уже давно не вызывают никаких сомнений и возражений. Действительно, сегодня успешный бизнес стал невозможен без наличия собственного сайта в сети Интернет. А так же в стране, где у первого лица есть личный блог, отсутствие у компании собственных сетевых дневников становится моветоном. Все эти информационные ресурсы позволяют компании рассказывать о ее жизни и ее продуктах, услугах. Корпоративный блог может стать мощным средством активизации продаж и следовательно достижение фирмой максимальной прибыли.

Благодаря компьютерам можно говорить о больших функционирующих баз данных, развитию нового, усовершенствованного программного обеспечения. Благодаря всему этому стало легче вести отчетность, просчитать модель, тем самым сэкономить значительное количество времени.

Литература:

1. Топорец А. Ю. Информационные технологии в экономике – Москва, 2015.– с. 67.
2. Семенов М. И. Автоматизированные информационные технологии в экономике: Финансы и статистика. 1999. – с. 416.

Фархатова М.Б., студентка 1 курса юридического факультета АГУ;
Дзыбова С.Г., к.ю.н., доцент, заведующий кафедрой конституционного и административного права АГУ.
Адыгейский государственный университет, Россия.
Dzibova.S@mail.ru

РЕЦЕПЦИЯ РИМСКОГО ПРАВА И ЕЁ ЗНАЧЕНИЕ

В соответствии с толкованием, которое дает Юридический словарь, то рецепция – это «заимствование чужеземного права» [1, 380] Рецепция – это заимствование или воспроизведение какой-либо внутригосударственной правовой системой принципов, институтов, основных черт другой внутригосударственной правовой системы. Рецепция – это заимствование и освоение богатства чужой культуры в целях обогащения собственной.

Рецепция римского права – сложный, многоступенчатый процесс заимствования на основе отбора, затем переработки применительно к своим условиям, усвоение, когда чужое становится органической частью собственного права.

Этапы рецепции римского права

Первыми такими заимствованиями стали сборники правовых обычаев и римских законов в Бургундской правде (494 г.), Бревиарии Алариха (506 г.; вплоть до XI в. имел название Законов римских вестготов, а затем до XVI в. – Бревиарии Алариха). Римское правовое наследие использовалось в церковном праве, а также в церковной литургии. Римское право особенно укоренилось в Южной Франции и Средней Италии.

Следующей стадией стало изучение и реципирование Свода законов Юстиниана, ее конечная фаза приходится на XV-XVI вв. Германские государи воспринимали себя в то время непосредственными преемниками римских императоров и потому считали возможным покровительствовать изучению и адаптированию конструкций римского императорского (монархического) законодательства. Это покровительство находило поддержку (более давнюю) также в западной церкви, для которой римское право было воплощением более высокой культуры по сравнению с памятниками варварских правд. В то время церковь также воспринимала себя как хранительницу духа римского законоведения.

Реципирование римского права в странах Европы проходит три стадии:

1. комментирование глоссаторами (от слова "глосса", означавшего на средневековой латыни иностранное, непонятное слово, а также его истолкование);

2. всеохватывающая критическо-догматическая работа по перетолкованию и согласованию римского наследия с действующим правом;

3. приспособление его к новым социальным условиям национально-государственного существования европейских народов [2, 18].

Рецепция римского права ускорялась вместе с ростом потребностей в правовом регулировании торговли, морских перевозок, развитием кредитования и новых форм собственности. Рецепция не исключала критики и сдержанности по мере реципирования римских институтов и норм: рецепция могла быть полной, частичной, периодической и т.п. В Чехии позднего средневековья римское право уподоблялось по силе действия железному обручу. В Англии, наименее затронутой римским влиянием, знатоки права и обычаев систематически прибегали к заимствованию из римского и канонического права. Во многих европейских школах XVI-XVII вв. учили составлению юридических документов, и это являлось составной частью обучения риторике.

В позднем средневековье римское право стало конкурировать с национальным (Франция, Германия) и нередко менялось под воздействием этой конфронтации. В Германии реципированное римское право получило наименование "современное римское право".

В XII в. Фридрих Барбаросса, германский император, назвал римское право "всемирным правом"[2, 26]. В XVI в. его называли "писаным разумом" и "юриспруденцией, висящей в воздухе". В XIX в. юрист Моддерман (1888 г.) назвал его "правом общим, высшим и научным".

Почему мы заимствуем римское право?

Во-первых, благодаря высокому уровню римского права – наличием в готовом виде ряда институтов, регулировавших отношения развитого товарооборота, четкостью и ясностью правовых норм. Римское классическое право во многом было свободно от национальной ограниченности, приобрело черты универсальности и почиталось как «общее, высшее, научное право»;

Во-вторых, из-за недостатков местного, в основном обычного, права. Обычное право было архаично, содержало многочисленные пробелы, неясности, противоречия.

Многие институты римского права в качестве своеобразного первоисточника постоянно использовались и продолжают использоваться при разработке гражданских кодексов и иных нормативно-правовых актов и в других странах. Подобное влияние римского права на правовые системы многих стран, восприятие последними наиболее важных его принципов и институтов, называемое в юридической литературе рецепцией римского права, в значительной мере сказалось на характере и содержании этих систем, а также на определении понятия самого права.

Причины рецепции римского права:

– римское право давало готовые формулы для юридического выражения производственных отношений развивающегося товарного хозяйства; первоисточников римского права является латынь.

– короли, находя в римском праве государственно-правовые положения, обосновывающие их претензии на абсолютную и неограниченную власть, использовали их в борьбе с церковью и феодальными сеньорами;

– повышение интереса к римскому праву в силу широкого обращения эпохи Возрождения к античному творческому наследству[2, 48].

Значение римского права для современной юриспруденции.

Влияние римского права на развитие законодательства и правовой мысли нашего общества трудно переоценить. Институты частного права Римского государства явились необходимой базой, моделью, определившей довольно стремительное и плодотворное дальнейшее развитие гражданско-правовой системы европейских стран в целом.

Лозунгом современной юриспруденции является знаменитое изречение Иеринга: – «через римское право, но вперед, дальше его» [3, 186]. Усвоив то, что было создано предками, потомки должны работать дальше сами, так как правовые проблемы не таковы, чтобы они могли быть решены раз навсегда. Новые условия постоянно ставят на очередь новые задачи, и юриспруденция должна постоянно оставаться на своем посту ее высшим призванием, ее долгом перед народом является освещение изменяющихся в истории условий и возникающих в связи с ними проблем.

Рецепции римского права в российском законодательстве.

Новый Гражданский кодекс РФ от 21.10.1994 г. закрепляет основные постулаты римского частного права. Так, законодательно закреплено деление права на публичное и частное, истоком чего являются Дигесты Юстиниана. «Публичное право, которое относится к положению римского государства, частное – к пользе отдельных лиц».

Построение первой части ГК РФ совпадает с построением Институций Гая: лица – вещи – обязательства. Статья 17 ГК РФ закрепляет также как и в римском праве, что правоспособность гражданина возникает в момент его рождения и прекращается смертью.

Очевидно, влияние римского права в регламентации гражданско-правовой дееспособности. Хоть римские юристы и не выработали понятия дееспособности, однако не за всеми признавалось право иметь права и нести обязанности. В соответствии с ГК РФ, несовершеннолетние по ограничению в дееспособности делятся на три возрастные категории (до 6 лет; до 14 лет; до 18 лет). Столько же групп было и в римском праве (до 7 лет; до 12 – девочки, до 14 лет мальчики; до 25 лет) Именно в римском праве был введен институт эмансипации – статья 27 ГК РФ. Процесс установления опеки и попечительства (ст.ст. 29, 30 ГК РФ) практически аналогичен римскому институту.

Также римские юристы отличали владение на праве собственности и владение по другим основаниям, так как фактическое обладание вещью может быть основано не только на праве собственности. Так при договоре найма наниматель пользовался вещью (землей), переданной наймодателем, но ее собственником не считался. В соответствии с данными нормами в ГК РФ (ст. 671 – 688) разработан институт договора найма жилого помещения.

Это далеко не полный перечень всех случаев влияния римского права на законодательство России. ГК РФ закрепил в соответствии с римским правом такие институты как ипотека, сервитуты, приобретательная давность права собственности и т.д. Исходя из всего выше перечисленного, можно сказать, что значение римского права очень велико. Оно оказало влияние на становление частного права многих государств, в том числе и России. Именно в Риме были сформулированы основные понятия и категории гражданского права. Это подчеркивает необходимость изучения римского частного права, дабы быть хорошим специалистом в области гражданского права.

Значение римского права в общественной жизни средневековой Европы можно резюмировать следующим образом. Во-первых, оно позволило раскрыть многие закономерности в эволюции права, которые не были выявлены в процессе изучения истории права отдельных стран, и, во-вторых, дало возможность понять многое и в самой социальной организации стран Западной Европы. Римское право стало фактором интеграции и гармонизации интересов различных средневековых корпораций (государственных, церковных, городских). Оно стало авторитетной системой особого рода мышления и формулирования ценностей духовного и практического назначения. Не менее существенна роль римской юридической конструкции, воспринимающей в качестве субъекта правоотношений абстрактного (внесословного) человека и давшей впоследствии возможность для конструирования неких исходных и "естественных" прав человека в делах и заботах общеустроительных (конституционных).

Литература:

1. Додонов, В.Н., Ермаков, В.Д. Большой юридический словарь. М., 2001.
2. Ткаченко, С.В. Рецепция права: идеологический компонент. Монография / С.В. Ткаченко // Самара: Изд-во СамГАПС, 2006.
3. Ковылина, Р. В. Рецепция римского права в законодательстве России / Р.В. Ковылина // Молодой ученый. – 2010. –№7.

Киряшев А.А., студент 1 курса юридического факультета АГУ;
Шадже А.М., д.ю.н., профессор кафедры конституционного и
административного права АГУ.
Адыгейский государственный университет, Россия.
Dzibova.S@mail.ru

ИСЛАМСКАЯ ПРАВОВАЯ МЫСЛЬ ПРОТИВ ТЕРРОИРИЗМА

Несмотря на то, что очень много сказано и написано на тему отношения ислама к терроризму, этот вопрос не теряет своей актуальности и требует постоянного внимания к себе в силу ряда причин. Мусульманский мир на данный момент подвержен серьезным политическим, экономическим и социальным кризисам.

Необходимо отметить непрекращающиеся волны «исламофобии», во многом направляемые СМИ, ошибочно преподносящими состояние вещей. Все это требует периодического возврата к обсуждению темы «есть или нет какой-нибудь взаимосвязь между исламом и терроризмом?»

Наше мнение таково: «терроризм является порождением сознания, которое полностью вне ислама» [1, 29], и является показателем отсутствия истинного исламского сознания, исламского мировосприятия. Т.е. терроризм полностью вне ислама, и терроризм не может быть даже неверной трактовкой ислама. Поэтому можно со всей уверенностью сказать, что терроризм это – чужое, подброшенное настоящему исламу.

Как и другие религии, ислам необходимо рассматривать только в свете его собственного контекста, в свете присущих ему форм мышления и понятий (формируемых общим духом Корана и Сунны), а не позитивистского контекста, как это часто можно наблюдать.

Истинно исламское сознание не позволяет человеку быть экстремистом, тем более террористом (само слово «ислам» происходит от арабского слова с корнем «салям», означающего «мир»). Так, согласно исламу, жизнь и воля человека – священны. Жизнь, душа, физическое тело, да и весь окружающий мир – все дано Всевышним во временное пользование (т.е. «аманат»), а истинный хозяин всего Творец.

Ислам признает каждого таким, какой он есть и не приемлет насилия в вопросах веры, образов жизни и взглядов, ибо согласно доктрине ислама, подобное насилие означает неприятие замысла Творца, даровавшего человеку разум и силу воли. В исламе первооснова, основа основ – благое намерение верующего. То, что сделано насильно, без чистосердечного намерения достичь довольства Создателя не является действительным и за это не воздастся благом. Ислам не приемлет присущий модернизму и почти всем идеологиям «макиавеллизм», предполагающий что «цель оправдывает средства». Так как согласно исламу, к благой цели (достижению довольства Творца и вечного счастья) можно дойти только благими путями.

Согласно исламу, Всевышний – Творец не только человека, но и его удела («ризк»). Мусульмане должны свято верить в это, поэтому нет надобности в необоснованном беспокойстве по поводу нехватки ресурсов, работы и т.д., а эти причины являются движущими факторами расизма и ксенофобии во многих странах.

Как видно, заповеди ислама, истинно исламское мировосприятие являются преградой перед всеми формами жестокости, насилия и принуждения. А все случаи проявления насилия и нетерпимости со стороны мусульман следует рассматривать как искажение основополагающих принципов ислама.

Привести общепринятое определение понятия «терроризм» крайне сложно, существует очень много определений и трактовок. В самом простом виде терроризм можно рассматривать как политику, основанную на систематическом применении террора («terror» с латинского страх, ужас), т.е. «насилия», «устрашения». Оксфордский словарь трактует терроризм, как «систематическое использование насилия и угроз для того, чтобы подвинуть правительство или общество к принятию определенных политических требований»[2, 48].

Одним словом, «насилие», «устрашение» - ключевые элементы терроризма. Но как было отмечено выше, мировоззрение ислама строится только на доброй воле, истинной гуманности, искренности и справедливости. Следовательно, терроризм без каких-либо оговорок вне ислама, и он не может быть даже неверной трактовкой ислама, ибо неверная трактовка, неверное толкование предполагает «совершение ошибки», т.е. предполагает «ошибку толкователя, действующего в определенных дозволенных рамках». Но в терроризме – существует явное и преднамеренное коверкание религиозных источников или явно ошибочная методология толкования, полностью игнорирующая предусмотренную методологию толкования религиозных текстов. И все это никак не может быть преподнесено как «неверное толкование». Например, никто не может сказать, что утверждение гласящее, что «после Священного Корана будет новое откровение» является просто неверной интерпретацией исламских источников, так как это утверждение – полностью вне ислама.

Кто толкует в этом духе (будь-то ислам, или христианство), будет действовать в недозволенных рамках толкования. Следовательно, утверждение гласящее, что убийство невинных людей ради достижения каких-либо целей или запугивание общества допустимо в исламе– полностью вне ислама, не может даже считаться неверным толкованием источников ислама. Как отмечал много раз турецкий ученый и мыслитель

Ф. Гюлен, «мусульманин не может быть террористом, а террорист не может быть мусульманином»[3, 75], коротко и ясно!

Проблема терроризма (вернее отождествление терроризма с исламом) появилась только в последние десятилетия. Самое активное распространение экстремистских идей и движений в мусульманском мире можно увидеть в период форсированной модернизации, когда исламское сознание стало рушиться под натиском «модернизма», в результате чего в исламском мире зародился этнический, региональный, политический и конфессиональный партикуляризм (т.е. дробление и последующие за ним конфликты) и в конечном счете, появилась проблема терроризма.

В заключение, вслед за многими мусульманскими мыслителями современности можно сказать, что «терроризм – это незаконнорожденное дитя модернизма, модернистского сознания, подброшенное в объятия мусульман»[2,51] и это проблема, разрешение которой требует со стороны мусульман – понимания и обретения вновь истинно религиозного сознания, а со стороны остального мира – доброй воли, справедливости и объективизма. Но если придерживаться того курса действий, той методологии, которая сейчас на вооружении у правящих элит стран Запада и многих мусульманских стран и которая зиждется на «ответном насилии и информационно- интеллектуальной войне против ислама», проблему терроризма и насилия не решить и в далеком будущем. Ведущий российский ученый специалист по фикху Леонид Сюкияйнен говорит, что мощным оружием против терроризма являются истинные исламские ценности и правильно понимаемое исламское сознание [3, 74].

По сути, терроризм, с которым некоторые идентифицируют ислам и мусульман, на самом деле является чудовищным «капканом» как для мусульман, так и для всего мира.

Литература:

1. Бекбосынова С.С. Исламский фактор и терроризм в современном мире. Политологический анализ: Автореф. дис. канд. полит. наук. М., 2007.
2. Жаворонкова Т. В. Использование ислама в качестве идеологической основы террористической деятельности / Т.В. Жаворонкова// Актуальные вопросы общественных наук: социология, политология, философия, история: сб. ст. по матер. XLVIII междунар. науч.-практ. конф. № 4(45). – Новосибирск: СибАК, 2015.
3. Сюкияйнен Л.Р. Исламская правовая мысль против экстремизма /Л.Р. Сюкияйнен // Право. Журнал Высшей школы экономики. –2011. – №1.

Абесалашвили М.З.
к.ю.н., доцент, abesala_m@mail.ru
Адыгейский Государственный Университет
Кириленко И.В.
студент 2 курса, Адыгейский Государственный Университет

БАНКРОТСТВО ФИЗИЧЕСКИХ ЛИЦ: РОССИЙСКИЙ И ЗАРУБЕЖНЫЙ ОПЫТ

Институт банкротства широко распространен во многих странах мира. Под банкротством понимается признанная уполномоченным государственным органом неспособность должника удовлетворить в полном объёме требования кредиторов по денежным обязательствам или исполнить обязанность по уплате обязательных платежей [1]. Банкротами могут быть юридические лица, индивидуальные предприниматели, а также физические лица.

Первыми в вопросе банкротства физических лиц стали США, идея банкротства физических лиц обозначилось там еще в XIX веке. В Европе эту процедуру переняли спустя столетие. Первый закон о банкротстве физического лица был принят в Дании еще в 1984 г.

В США правила потребительского банкротства действуют с конца XIX века. Подход является благоприятным для потребителей, процедуры банкротства менее строгие и длительные; при определенных обстоятельствах физические лица могут избавиться от долга в течение нескольких месяцев. В США в последние несколько лет около 1,5 млн. человек ежегодно объявляют себя банкротами. Из-за большого количества желающих признать себя банкротами в 2005 году правительству пришлось ужесточать закон, т.к. для больших групп населения банкротство превратилось в легальный способ ухода от выплаты долгов. Согласно законодательству США с должника могут долг списать, конфисковав большую часть его имущества, или рефинансировать его на несколько лет. В счет погашения долга у частных лиц забирают ценное имущество, дом, личный автомобиль, предметы роскоши. Конфискации не подлежат средства труда и вещи первой необходимости [4, с. 121].

Так, в Германии закон о банкротстве действует с начала 1994 года, а все дела о банкротстве частых лиц рассматриваются исключительно в судебном порядке. Судебный процесс начинается с подачи заявления должником о признании его несостоятельности, долги которого превышают 1 тысячу евро. После вынесения постановления о присвоении должнику статуса банкрота каждый год в течение шести лет происходит пересмотр его персонального финансово-имущественного положения. Если к концу срока платежеспособность должника не изменилась, то дело закрывается, а все остаточные долговые требования просто аннулируются [4, с. 123].

При наличии на первый взгляд общей цели законов о банкротстве – решить ситуацию с долгами заемщика перед кредитными организациями, законы Европы и США отличатся по своей сути и основополагающему принципу, заложенному в закон.

И если для западных стран банкротство физических лиц – это обычное явление, то в России лишь совсем недавно появился Закон о банкротстве физических лиц, механизм которого еще нужно наладить и отработать.

ФЗ Российской Федерации от 29.12.14 г. «О внесении изменений в Федеральный закон «О несостоятельности (банкротстве)» и отдельные законодательные акты Российской Федерации в части регулирования реабилитационных процедур, применяемых в отношении гражданина-должника» вводит институт банкротства физических лиц. С 1 октября 2015 года в России физическим лицам предоставляется возможность официально объявить себя банкротом и освободиться от кредитного бремени. Объявить себя банкротом могут физические лица, долги которых превышают 500 тысяч рублей, а выплаты задержаны более, чем на три месяца[2]. При этом физическое лицо должно быть неплатёжеспособным. То есть после выплат ежемесячных платежей по кредитам на руках остаётся меньше прожиточного минимума. В такой ситуации лучший выход - признание себя банкротом.

Для запуска процедуры банкротства необходимо подать иск в суд. Дела о банкротстве граждан и индивидуальных предпринимателей рассматриваются арбитражным судом. В суд подать заявление о признании физического лица банкротом может как сам должник, так и его кредитор. При рассмотрении дела о банкротстве гражданина суд может применить реструктуризацию долга. При отсутствии возражений кредиторов суд утверждает план погашения долгов, в котором обязательно указывается срок его осуществления, размеры сумм, оставляемых должнику и членам его семьи, размеры сумм, которые будут направляться на погашение требований кредиторов. В случае, если реструктуризация долга невозможна, задолженность физического лица, может быть погашена за счёт его имущества. Драгоценности и другие предметы роскоши, стоимость которых превышает 100 тысяч рублей, а также недвижимое имущество подлежат реализации на открытых торгах. В счёт уплаты долга не может быть изъято: единственное жильё должника, а также земельные участки, на которых оно расположено; предметы обычной домашней обстановки и обихода; вещи индивидуального пользования; имущество, необходимое для профессиональных занятий должника, за исключением предметов, стоимость которых превышает 100

МРОТ; призы, государственные награды, почётные и памятные знаки должника [3, ст. 446].

Очевидно, банкротство гражданина несет в себе как положительные моменты для граждан, оказавшихся в тяжелой материальной ситуации, так и отрицательные последствия, прописанные законодательно.

Во-первых, в качестве последствия банкротства физического лиц, закон устанавливает обязанность гражданина-банкрота в течение последующих 5 лет в случае заключения договоров займа или кредита уведомлять кредитора о том, что в отношении него была проведена процедура банкротства.

Во-вторых, в течение следующих 5 лет гражданин не сможет повторно подать заявление о банкротстве.

И третье последствие, предписанное законом – гражданин в течение 3-х лет со дня признания его банкротом не вправе занимать руководящие должности юридического лица[2].

Таким образом, процедура банкротства физических лиц на первый взгляд кажется не такой уж сложной, а последствия довольно гуманными, однако это только на первый взгляд. Закон о банкротстве физических лиц имеет ряд недостатков, которые препятствуют применению закона в массовой практике. Рассмотрим некоторые из них.

Во-первых, вознаграждение арбитражного управляющего. Арбитражный управляющий в банкротстве юридических лиц получает 30 000 рублей ежемесячно[1]. Процедура банкротства юридического лица длится от 6 месяцев, значит он заработает за 1 процедуру от 180 000 рублей. В банкротстве физического лица он зарабатывает 10 000 рублей, которые получит после проведения целой процедуры, которая продолжается тоже не один день. Реализация имущества около 6 месяцев, реструктуризация от 4 месяцев и до 3-х лет. Причем, финансовый управляющий обязан принимать меры по выявлению имущества гражданина и обеспечению сохранности этого имущества; проводить анализ финансового состояния гражданина; выявлять признаки преднамеренного и фиктивного банкротства; вести реестр требований кредиторов; уведомлять кредиторов о проведении собраний кредиторов; созывать и (или) проводить собрания кредиторов для рассмотрения вопросов, отнесенных к компетенции собрания кредиторов; осуществлять контроль за ходом выполнения плана реструктуризации долгов гражданина; направлять кредиторам отчет финансового управляющего не реже чем один раз в квартал[1].

Как показывает практика, работать финансовыми управляющими специалисты готовы, но за более внушительную сумму. В разных регионах России размер «доплаты» разный. Так же, по закону управляющему положены ещё 2% от стоимости реализованного имущества должника.

Во-вторых, банкротство – дорогая процедура. Помимо госпошлины в 6 000 рублей, а также оплаты работы финансового управляющего в 10 000 рублей, истец обязан оплатить все расходы, связанные с банкротством, согласно ст. 20.6 федерального закона о несостоятельности. Также стоит учесть, что сама процедура сбора документов далеко не бесплатна, большинство справок стоит денег, к тому же необходимо помнить про почтовые расходы и транспортные издержки. Нельзя забывать и о составление иска в суд, что обычным гражданам вряд ли под силу сделать самостоятельно, а значит, придется обратиться к специалисту. По мнению некоторых экспертов, стоимость процедуры достигает 100 тысяч рублей.

В-третьих, процедура банкротства может затронуть не только самого гражданина, но и членов его семьи. Например, супруги, один из которых был признан банкротом, могут лишиться всего накопленного за долгие годы совместной жизни имущества, при условии законного режима их имущества. Согласно ст. 45 Семейного Кодекса: «По обязательствам одного из супругов взыскание может обращено лишь на имущество этого супруга. При недостаточности этого имущества кредитор вправе требовать выдела доли супруга-должника, которая причиталась бы супругу должнику при разделе общего имущества супругов, для обращения на нее взыскания»[4]. А так, как выдел имущества одного из супругов происходит в судебном порядке судов общей юрисдикции, процедура банкротства рискует затянуться на годы, поскольку без решения суда о разделе имущества конкурсная масса должника не сможет быть определена арбитражным судом.

Несмотря на целый ряд пробелов, неопределенностей и неточностей, закон о банкротстве физических лиц несомненно пойдет на пользу экономике. Ведь применение института несостоятельности оказывает устойчивое влияние на экономику и стимулирует участников гражданского оборота.

Литература:

1. Российская Федерация. Законы. О несостоятельности (банкротстве): [принят Гос. Думой 26.10.2002 г.: ред. от 13.07.2015г.] // Собрание законодательства Российской Федерации 2002 - №43. - Ст. 4190.

2. Российская Федерация. Законы. О внесении изменений в Федеральный закон "О несостоятельности (банкротстве)" и отдельные законодательные акты Российской Федерации в части регулирования реабилитационных процедур, применяемых в отношении гражданина-должника: [принят Гос. Думой 19.12.2014 г.] // Собрание законодательства Российской Федерации 2015 - №1. – Ст. 29.

3.   Гражданский процессуальный кодекс Российской Федерации от 14.11.2002 № 138-ФЗ [ред. от 06.04.15] // Собрание законодательства Российской Федерации 2002. - № 46. – Ст. 4532.

4.   Семейный кодекс Российской Федерации от 29.12.1995 № 223-ФЗ (ред. от 30.12.2015) Российская газета 1996. №17: 2015. №85

5.   Потапова А.Н. Банкротство физических лиц: сравнительно-правовой анализ законодательства России и США / А.Н. Потапова // Научное сообщество студентов XXI столетия. Гуманитарные науки. – 2015 г.С. 120-123.

Уджуху З.М.,
студентка 2 курса юридического факультета
ФГБОУ ВПО «Адыгейский государственный университет»,
Марков П.Н.,
к.ю.н, доцент кафедры конституционного и административного
права
ФГБОУ ВПО «Адыгейский государственный университет»,
markov.petr.1977@mail.ru

ТЕРРИТОРИАЛЬНОЕ ОБЩЕСТВЕННОЕ САМОУПРАВЛЕНИЕ - ФОРМА УЧАСТИЯ ГРАЖДАН В ОСУЩЕСТВЛЕНИИ МЕСТНОГО САМОУПРАВЛЕНИЯ

Важнейшим элементом системы местного самоуправления, формой осуществления непосредственной демократии, проявлением самодеятельности граждан по месту жительства является территориальное общественное самоуправление (ТОС). Современное представление о территориальном общественном самоуправлении в России стало складываться постепенно, начиная со второй половины 80-х гг. XX в. Федеральный закон «Об общих принципах организации местного самоуправления в РФ», принятый 28 авг. 1995 г. впервые в правовой системе России дал определение территориального общественного самоуправления как самоорганизации граждан по месту их жительства на части территории муниципального образования для самостоятельного и под свою ответственность осуществления собственных инициатив в вопросах местного значения и отнес его регулирование к законодательству субъектов РФ и правовым актам местного самоуправления. Однако такая норма имеет свои издержки: исключительное полномочие Российской Федерации по регулированию прав граждан на проведение собраний, на объединение передается по этому закону органам, не обладающим необходимыми конституционными полномочиями. Более того, в таких условиях возникает вероятность множественности подходов к регулированию правового статуса территориального общественного самоуправления и порядка его регистрации. В конечном счете, важнейшим негативным следствием такого положения дел может стать нарушение конституционного принципа равенства прав граждан России в целом, нарушение гарантий конституционной защиты прав граждан на объединение и проведение собраний (сходов) в форме института территориального общественного самоуправления.

В настоящее время, несмотря на существующие определения территориального общественного самоуправления в Федеральных законах «Об общих принципах организации местного самоуправления в РФ» 1995 г. и 2003 г., они полностью не отражают правовую природу этого института местного самоуправления. Несомненно, следует говорить о необходимости выработки более глубокого и единообразного понимания природы территориального общественного самоуправления, что, в свою очередь, может быть обеспечено новыми научными исследованиями и более созидательной деятельностью законодателей. При этом надо иметь в виду двойственную возможность подхода к решению этой задачи. Первый вариант предполагает рассматривать территориальное общественное самоуправление как институт гражданского общества, независимый от органов публичной власти, обладающий всей полнотой самостоятельности, второй – как составляющую системы местного самоуправления. Вторая позиция в настоящее время имеет преобладающее значение как в законодательной практике, так и в общественных структурах, ей соответствуют все нормативно-правовые акты России. В правовых актах, в судебной практике нередко понятие «территориальное общественное самоуправление» отождествляют с понятием «местное самоуправление», или, впадая в противоположную крайность, считают территориальное общественное самоуправление общественной организацией. От адекватного понимания правовой природы территориального общественного самоуправления зависит решение целого ряда проблем при осуществлении проводимой реформы местного самоуправления, в том числе такого актуального вопроса, как разграничение полномочий между Российской Федерацией, субъектами РФ и муниципальными образованиями. Только совместная деятельность законодателей и научных работников может привести к решению данной проблемы, в том числе к принятию специального федерального закона о территориальном общественном самоуправлении, в котором должно быть сформулировано его понятие.

Таким образом, в основе местного самоуправления в нашей стране, в основе института территориального общественного самоуправления, как составной части всей системы местного самоуправления в соответствии с тысячелетней исторической традицией должен лежать принцип свободной личности в свободной общине как залог создания подлинно демократического государства. Конституция Российской Федерации обеспечила осуществление этого принципа через различные установления: через право граждан на объединение; через право на проведение собраний, в том числе для защиты общественных интересов; через право объединений граждан иметь в собственности землю; через право граждан осуществлять местное самоуправление в формах прямого волеизъявления (референдум, выборы, собрания, сходы, народная правотворческая инициатива). Закрепление в основном законодательном акте России того, что местное самоуправление не входит в систему государственной власти, что население самостоятельно определяет структуру органов местного самоуправления, в том числе и вариант, при котором органы местного самоуправления в муниципальном образовании могут отсутствовать в принципе, усиливает основание для определения модели современного территориального общественного самоуправления в стране как свободной общины.

Важнейшими признаками территориального общественного самоуправления являются, прежде всего, качественные характеристики, свойственные общественным объединениям: добровольность; общность интересов; равноправие; внутреннее самоуправление; свобода выбора форм и методов деятельности; гласность; наличие уставных документов. То есть можно говорить об определенной тождественности института территориального общественного самоуправления институтам общественных объединений, что дает основание в отдельных случаях определять его правовой статус законодательством об общественных объединениях. Еще одним признаком территориального общественного самоуправления является иерархичность его системы, поскольку структура территориального общественного самоуправления представляется как иерархия структур подсистем. Так, в виде общественного интереса всех или абсолютного числа граждан, проживающих на общей территории, могут выступать общественные интересы на уровне подсистемы: жилой дом (его содержание, эксплуатация); квартал (устройство детских площадок, сквера, мусоросборника); микрорайон (содержание дорог, досугового центра). В свою очередь, общественные интересы подсистем и их структур являются сложными системами, функционирующими в процессе взаимодействия составляющих их элементов, поскольку всякий общественный интерес, в конечном счете, определяется такими признаками, как индивидуальный интерес, добровольность, территориальный характер.

Подводя итоги анализу понятия и места территориального общественного самоуправления в системе местного самоуправления Российской Федерации, следует, прежде всего, констатировать факт обусловленности природы территориального общественного самоуправления природой местного самоуправления: каков характер местного самоуправления, таков и характер территориального общественного самоуправления.

Литература

1. Конституция Российской Федерации. Принята на всенародном референдуме 12 декабря 1993 года. Российская газета от 25 декабря 1993 г.
2. ФЗ «Об общих принципах организации местного самоуправления в РФ» от 28.08.1995. № 154-ФЗ. СЗ РФ 1995. № 35. Ст. 3506
3. ФЗ «Об общих принципах организации местного самоуправления в РФ» от 6.10.2003. № 131-ФЗ. СЗ РФ. 2003. № 40. Ст. 3822

Павлов В.С.

к.и.н., доцент кафедры теории и истории права и государства, Северо-Западный институт управления Российской академии народного хозяйства и государственной службы при Президенте РФ

г. Санкт-Петербург

pvs751@mail.ru

Эйвазов А.Х.

студент юридического факультета, Северо-Западный институт управления Российской академии народного хозяйства и государственной службы при Президенте РФ, г. Санкт-Петербург

eivazov_aleksand@mail.ru

КРАТКИЙ ОЧЕРК ИСТОРИИ ПРОКУРАТУРЫ И ОРГАНОВ НАДЗОРА ЗА ЗАКОННОСТЬЮ В ЗАРУБЕЖНЫХ СТРАНАХ

Изучая историю органов прокуратуры в зарубежных странах, мы познаем закономерности возникновения и развития этого важного государственного института, предыстория которого началась еще в Древнем мире. Правда, дошедшие до нашего времени письменные источники, не всегда позволяют восстановить полную картину органов и должностных лиц, исполнявших функции обвинения, уголовного преследования и надзора за исполнением законов и судебных решений.

Зарождения органов обвинения в период Древнего мира. В большей степени до нас дошли сведения о предыстории органов прокуратуры в Древних Афинах, где уже в царский период (VIII-V вв. до н.э.) на народном собрании выдвигалось обвинение и вершился суд по делам о государственной измене. Архонт-басилевс возбуждал и расследовал дела об убийстве, опрашивал свидетелей, собирал доказательств, назначал обвинителя и передавал дела в суд. В Республиканский период (V-IV вв. до н.э.) обвинение по уголовному делу было почетной обязанностью и патриотическим долгом, поэтому обвинителем мог быть любой полноправный афинский гражданин. В тоже время возникло и такое отрицательное явление, как сикофанство – ложное обвинение с корыстной целью, в ответ на которое появился и новый вид обвинения – обвинение против лжесвидетельства [1, 109].

В Древних Афинах появилась отдельная государственная структура – Коллегия одиннадцати, функциями которой были: обвинение, следствие, суд и расправа с рабами, а также надзор за появившимися тюрьмами, в которых содержались рабы до суда.

В Древнем Риме уже в царский период (753-510 гг. до н.э.) зарождается обвинение. Прерогативой царя (rex): обвинение и суд по делам об измене, мятеже и другим публичным преступлениям.

Компетенция народных собраний: обвинение и суд за менее тяжкие уголовные преступления.

В период республики (509-27 гг. до н.э.) возбуждение и судопроизводство по уголовным делам было функцией консулов и преторов (в Риме и его пригороде), префектов (в муниципиях), проконсулов и пропреторов (в провинциях) и военачальников (на завоеванных территориях). Постоянные судебные комиссии; вытеснение суда народных собраний. Обвинитель являлся только частным лицом, римский гражданин, получавший разрешение у претора. Функции обвинителя: сбор доказательств, поиск свидетелей, предъявление и доказывание обвинения в суде.

В период империи (29 г. до н.э. – 476 г). возбуждение уголовного дела и судопроизводство перестало быть частным делом. Указ императора Диоклетиана (294 г.) заменил формулярный процесс экстраординарным. Отныне обвинителями могли быть: император, сенаторы, а по делам, затрагивающим интересы империи, и вольноотпущенники [1,155].

Прокуратура и сходные с ней государственно-правовые структуры в период средних веков. Первым государством этого периода стало Королевство Франков (481-843 гг.), по главному закону которого «Салической правде», обвинителем являлся потерпевший, который в случае неявки платил штраф. В 802 г. «Салическая правда» была взята Карлом Великим за образец при составление законов для других племен, которые оказывались в составе империи, т.е. и у них появлялся институт обвинения.

Главной наследницей империи Карла Великого стала Франция (843-1789 гг.). В период сеньориальной монархии (IX-XIII вв.) обвинителем мог быть любой потерпевший или его ближайшие родственники. Форма обвинения была строго определенная: обвинитель должен был доказать выдвинутое обвинение, в противном случае его ожидал вооруженный поединок с обвиненным.

В период сословно-представительной монархии во Франции (XIV-XV вв.) появляется надзор королевского суда за юстицией местных феодалов. 23 марта 1302 г. король Франции Филиппа IV Красивый подписывает Ордонанс о создании специального органа уголовного преследования и обвинения – прокуратуры. Затем начинается рост полномочий прокуроров и проявляется их активная роль в консолидации французского местного (обычного и кутюмного) права и замене его на королевское право.

В период абсолютной монархии во Франции (XVI-XVIII вв.) возросла роль прокурора в предварительном расследовании; функции прокурора в судебном расследовании; заключение прокурора по докладу следственного судьи (Ордонанс 1670 г.).

В Англии процесс формирования органов, выполняющих функции, близкие к прокуратуре, начался в годы правления короля новой династии Вильгельма I (1066-1086 гг.), при котором была ограничена юрисдикция английских феодалов. При Генрихе II (1133-1189 гг.) правосудие сосредоточилось в королевских судах, и был создан институт разъездных судей. Затем функциями обвинения было наделено «Большое жюри», а в 1472 г. введена должность Генерального атторнея и создана Королевская служба обвинения.

Прокуратура в период Нового времени. В ходе буржуазных революций XVII-XVIII вв. и перехода к Новому времени, прокуратура и аналогичные им органы были радикально преобразованы. Так во Франции прокуроры были уже не «люди короля», как их называли со времен Филиппа IV Красивого, а достаточно независимый орган обвинения и уголовного преследования.

После объединения Германии в имперскую Конституцию 1871 г. и в Закон о судоустройстве 1877 г. вошли положения, регулирующие правовую и организационную основу немецкой прокуратуры.

В США органы судебной власти и обвинения были созданы на основе Конституции 1787 г. Однако органы, выполняющие функции сходные с прокуратурой, появились только в 1870 г., после образования Департамента юстиции и возникновение федеральной атторнейской службы [2, 203-207].

В Новейшее время (с начала XX в.) органы прокуратуры представлены в большинстве стран, но они заметно отличаются как по правовым и организационным основам деятельности, так и по функциям.

Правовые основы деятельности органов прокуратуры.

В значительной части стран правовые основы деятельности органов прокуратуры закреплены в конституциях и конституционных правовых актах. К этим странам относятся: Албания, Азербайджан, Аргентина, Армения, Беларусь, Бельгия, Болгария, Боливия, Бразилия, Венгрия, Вьетнам, Гондурас, Грузия, Испания, Италия, Казахстан, Киргизия, КНДР, КНР, Колумбия, Куба, Македония, Мексика, Мозамбик, Молдова, Монголия, Намибия, Парагвай, Перу, Португалия, Румыния, Словакия, Таджикистан, Узбекистан, Украина, Швеция, Югославия и др. [3, 8].

В ряде стран имеются различного рода законы, т.е. формально органы прокуратуры не конституированы. К ним относятся: Австрия, Латвия, Канада, Польша, США. Франция, ФРГ, Япония и др.

Организационное строение органов прокуратуры сегодня можно охарактеризовать двумя видами: централизованным принципом и децентрализованным. К странам, в которых органы прокуратуры построены четкой иерархии подчинения нижестоящих прокуратур вышестоящим, относятся: Армения, Беларусь, Болгария, Бразилия, Венгрия, Вьетнам, Германия, Грузия, Молдова, Казахстан, КНДР, КНР,

Куба, Кыргызстан, Латвия, Нидерланды, Панама, Туркменистан, Турция, Украина, Финляндия, Франция, Эстония и др.

Есть государства в которых органы прокуратуры работают достаточно автономно и даже избираются местным населением. К ним относятся следующие страны: Австрия, Греция, Италия, Мексика, США, Швейцария и др.

Существует немало стран, в которых сегодня существую различные специализированные прокуратуры, особенно для борьбы с наркотиками и организованной преступностью, например в Дани, Египте, Испании, Италии, Нидерландах, Румынии и др.

Общая характеристика функций прокуратуры современных зарубежных стран. Основными функциями прокуратуры являются: надзор за законностью, уголовное преследование и поддержание публичного обвинения в суде.

С функцией общего надзора связаны и более частные направления: надзор за деятельностью правоохранительных и пенитенциарных органов; участие в неуголовных видах судопроизводства: гражданском, арбитражном, административном, конституционном.

Особое место сегодня отведено правозащитной функции прокуратуры.

С функцией уголовного преследования связаны и другие: возбуждение уголовного дела; расследование уголовного дела; руководство предварительным следствием; прокурорский надзор за законностью деятельности органов, осуществляющих ОРД, дознание и предварительное следствие; санкционирование ареста и других следственных и оперативных действий; направление уголовного дела в суд; поддержание обвинения в суде; надзор за законностью приговоров суда; надзор за законностью при исполнении наказаний и других принудительных мер.

Во многих зарубежных странах органы прокуратуры выполняют функции, которые носят вспомогательный характер: консультируют органы власти по правовым вопросам; координируют деятельность правоохранительных органов по борьбе с преступностью; участвуют в законотворческой деятельности.

Следует отметить, что в связи с различными обстоятельствами, функции прокуратуры могут заметно измениться. Так произошло во всех бывших советских республиках в связи с распадом СССР. Подробнее об этом автор изложил в статье «Органы прокуратуры на постсоветском пространстве» [4, 322-325].

Особое внимание хочется обратить на изменения в органах прокуратуры стран Балтии. В Конституции Латвийской Республики 1922 г. (восстановлена в 1990 г. и в полном объеме с 1993 г.) вообще не упоминается прокуратура, но сами органы имеются. Главный правовой и организационный источник деятельности органов прокуратуры – это закон «О прокурорском надзоре Латвийской Республики» от 19 мая 1994 г. Прокуратура – орган судебной власти, но самостоятельна в пределах своей компетенции. Генеральный прокурор назначается на должность парламентом (Саэймой) по предложению председателя Верховного суда Латвии. Генеральный прокурор возбуждает дела о соответствии законов Конституции Латвии, о соответствии решений Саэймы Конституции Латвии и другим законам, о соответствии подписанных и заключенных Латвией международных договоров Конституции страны.

Литовская Республика. Конституция 1992 г. (статья 118 главы 9 «Суд») и Закон литовской Республики «О прокуратуре» от 13 октября 1994 г. Прокуратура входит в судебную ветвь власти, но обладает организационной автономией. Функции прокуратуры: государственное обвинение по уголовным делам, уголовное преследование, контроль за деятельностью органов дознания. Генеральный прокурор направляет и контролирует деятельность всех прокуратур и определяет их внутреннюю структуру и штат. Институт государственных контролеров Сейма [5, 166-167.].

Эстонская Республика. Конституция 1992 г. (статьи 139-145 главы 12 «Канцлер юстиции») и Закон Эстонской Республики «О прокуратуре» от 22 апреля 1998 г. Прокуратура входит в исполнительную ветвь власти в статусе самостоятельной службы. Структура и штаты прокуратуры утверждаются министром юстиции. Генеральный прокурор Эстонии назначается на должность Правительством Республики по предложению министра юстиции и с учетом мнения юридической комиссии парламента. Функция надзора возложена на Канцлера юстиции, который назначается на должность Государственным Собранием Эстонии по предложению Президента Эстонии. Деятельность Канцлера юстиции регулируется специальным Законом Эстонской Республики «Об организации деятельности Канцлера юстиции» от 5 мая 1993 г. [6].

Несмотря на большое разнообразие различных характеристик современных прокуратур, в настоящее время можно выделить четыре основных модели по их местоположению в системе органов государственной власти: 1) прокуратура входит в систему исполнительной власти: Австрия, Бельгия, Дания, Израиль, Канада, Нидерланды, Сирия, США, Франция, Япония и др.; 2) прокуратура входит в систему судебной власти: Болгария, Испания, и др.; 3) прокуратура является самостоятельной, но нетипичной ветвью власти: Аргентина, Боливия, Бразилия, Вьетнам, КНР, КНДР, Куба, Лаос, Панама, Перу, Финляндия, Швеция и др. и 4) прокуратура входит в различные ветви власти: Италия, Колумбия, Румыния, Польша, ФРГ и др. Существует небольшая группа стран, в которых официально прокуратуры нет, но ее функции осуществляются другими учреждениями: Великобритания, Индия, Кения, Кипр, Мальта, Сингапур и другие.

Выводы. 1) Создание прокуратуры в истории государства и права было вызвано объективными причинами; 2) в подавляющем большинстве стран она имеется и занимает свое место в системе органов государственной власти; 3) не существует единого «рецепта», по которому должна развиваться прокуратура Российской Федерации, но для оптимизации ее деятельности следует и дальше изучать положительный и отрицательный опыт зарубежной прокуратуры.

Литература

1. Чельцов-Бебутов М.А. Курс уголовно-процессуального права. Очерки по истории суда и уголовного процесса в рабовладельческих, феодальных и буржуазных государствах. М., 1995. 846 с.

2. Pavlov V.S. Prosecutor´s office in Russia and attorney service in us: comparative law analysis // Global Science and Innovation: materials of the III International Scientific Conference, Chicago, October 23-24th, 2014 / publishing office Accent Graphics communications – Chicago – USA, 2014. – 384 p.

3. Зарубежная прокуратура: Учебно-методические материалы / Авт.-сост. В.С. Павлов. СПб., 2004. 24 с.; Зарубежная прокуратура: программа дисциплины / [авт.-сост. В.С. Павлов]. – 2-е изд. перераб. и доп. – СПб.: Санкт-Петербургский юридический институт (филиал) Академии Генеральной прокуратуры РФ, 2010. 20 с.

4. Павлов В.С. Органы прокуратуры на постсоветском пространстве // Fundamental science and technology – promising developments VI: Proceedings of the Conference. North Charleston, 3-4.08.2015, Vol. 2. – North Charleston, SC,USA: CreateSpace, 2015, 331 p.

5. Додонов В.Н., Крутских В.Е. Прокуратура в России и за рубежом. Сравнительное исследование / Под ред. С.И. Герасимова. М., 2001. 192 с.

6. Законы о прокуратуре стран СНГ и Балтии. М., 1995. 244 с.

Волков Д.В.
к.ю.н., доцент кафедры конституционного и международного права,
Северо-Западный филиал Российской правовой академии
Министерства юстиции РФ, г. Санкт-Петербург
decanat@szfrpa.ru
Красильников С.В.
к.ю.н., доцент, зав. кафедрой морского права Государственного
университета морского и речного флота им. С.О. Макарова,
г. Санкт-Петербург,
krasilnikov1966@mail.ru

ПРАВОВОЙ СТАТУС СУДЬИ И СУДЕЙСКОГО СООБЩЕСТВА: ПРОБЛЕМЫ СОВЕРШЕНСТВОВАНИЯ В УСЛОВИЯХ РЕФОРМИРОВАНИЯ СУДЕБНОЙ СИСТЕМЫ РОССИЙСКОЙ ФЕДЕРАЦИИ

На современном этапе развития Российской Федерации повышено внимание общества к деятельности судебной системы, что определяется значением судебной системы как механизма государственной защиты интересов участников правоотношений в различных областях жизни. Исполняя присущую только ей роль общественного арбитра, она защищает одновременно все сферы деятельности, регулируемые правом. Так система судебных органов гарантирует и обеспечивает неприкосновенность основ конституционного строя, охраняя правопорядок, единство экономического пространства, имущественные и неимущественные права граждан и юридических лиц, гарантирует свободу экономической деятельности.

Конституция Российской Федерации в ст. 1 провозглашает Россию правовым государством, которое определяется, в том числе наличием самостоятельной и независимой судебной системой, эффективно обеспечивающей защиту интересов государства, прав и интересов граждан и юридических лиц. Центральным элементом судебной системы является суд в лице судей. А правовой статус и фактическое положение судей определяют реальную эффективность деятельности всей судебной системы.

Правовой статус судьи в Российской Федерации, гарантии деятельности, основания и порядок назначения на должность, его компетенция, а также ответственность определяется Конституцией РФ и федеральными законами. От степени конкретизации в законодательстве правового статуса судьи во многом зависят качество правосудия, состояние судебной защиты прав и свобод граждан [1, 106-122]. Для исполнения важнейшей государственной функции судьи, как носители судебной власти, должны быть наделены высоким статусом, который бы обеспечивал им независимое и беспристрастное рассмотрение дел и защищал от какого-либо вмешательства и давления извне, подчиняя их только закону. Такого рода статус гарантируется судьям во всех известных демократических государствах. К примеру, концепция судейской независимости и порядок ее обеспечения заложены в законодательствах таких европейских стран с континентальной системой права, как Германия, Франция, Нидерланды [2]. Право на независимого и беспристрастного судью, на справедливое и публичное судебное разбирательство является фундаментальным правом каждого жителя Европы (п. 1 ст.6 Европейской Конвенции по защите прав человека и основных свобод) [3]. Обеспечению статуса судей уделяется внимание и на межгосударственном уровне. Так, все международные организации, которые были созданы после окончания Второй мировой войны, в целях установления обязательных для всех принципов развития и сотрудничества, а также обеспечения всеобщего уважения и соблюдения прав и свобод человека, в своих документах в той или иной степени предусматривают гарантии судейской независимости. Всеобщая декларация прав человека и Международный пакта о гражданских и политических правах, в частности, закрепляют такой принцип, как право каждого на справедливое и публичное разбирательство дела компетентным, независимым и беспристрастным судом, созданным на основании закона. В 1985 году ООН приняла Основные принципы независимости судебных органов. Данные принципы были сформулированы в целях оказания помощи государствам-членам ООН в реализации задачи по обеспечению и развитию независимости судебной власти и должны учитываться и соблюдаться государствами в рамках их национальной правовой системы и на практике. В дальнейшем, в рамках движения ООН за укрепление судебных систем на международном уровне, был принят Бангалорский международный кодекс поведения судей ("Бангалорские принципы"). Указанные принципы были приняты в целях обеспечения «компетентности, независимости и беспристрастности судебных органов, что является необходимым для выполнения судами своей роли по поддержанию конституционализма и правопорядка» [2]. В ходе многостороннего семинара по закону о статусе судей в Европе, организованного Советом Европы 8-10 июля 1998 года, была принята Европейская хартия о законе о статусе судей [4]. Целью данной хартии является обеспечение компетентности, независимости и беспристрастности, на которые законно рассчитывает каждый человек при обращении в суд и к каждому судье за защитой своих прав. В отношении каждого решения, связанного с подбором, отбором, назначением, продвижением по службе или окончанием пребывания в должности судьи хартия предусматривает вмешательство органа, независимого от исполнительной и законодательной власти. Каждый судья, согласно хартии, считающий, что его права по закону или в более широком смысле его независимость либо независимость юридического процесса так или иначе находятся под угрозой или не принимаются во внимание, имеет возможность обратиться к такому независимому органу, обладающему эффективными средствами правового воздействия либо способному предложить такое средство. Судьи при исполнении своих обязанностей должны быть доступными и уважительными по отношению к обращающимся к ним лицам, они должны заботиться о поддержании высокого уровня компетентности, необходимого для решения дел в каждом конкретном случае, ибо от решений судьи зависит гарантия прав личности, и о сохранении в тайне сведений, становящихся известными им в ходе судебного разбирательства. Государство обязано обеспечивать судей средствами для надлежащего выполнения ими своих задач, и в частности для рассмотрения дел в разумные сроки. Профессиональные организации, учрежденные судьями и открытые для свободного вступления в них для всех судей, играют большую роль в защите прав, предоставленных судьям их законом, и в частности по отношению к властям и органам, причастным к принятию решений, касающихся судей. Судьи через своих представителей и через свои профессиональные организации принимают участие в принятии решений, связанных с управлением судами и с определением их средств, а также с их распределением на общенациональном и местном уровне. Согласно хартии, нормы, регулирующие подбор и отбор судей независимым органом или коллегией, за основу выбора кандидатов берут их способность свободно и беспристрастно оценивать правовые вопросы, которые будут передаваться им на рассмотрение, и применять закон по ним, не ущемляя чувства собственного достоинства личности. Закон не допускает дискриминации кандидатов по полу, национальной принадлежности или социальному происхождению, а также по философским и политическим взглядам или религиозным убеждениям. Хартия предусматривает условия, гарантирующие, посредством предъявления к кандидатам требований, связанных с образовательной квалификацией или предшествующим опытом, способность конкретно исполнять судейские обязанности. Судья, занимающий должность в суде, в принципе не может быть назначен на другую судейскую должность или направлен в другое место, даже в порядке продвижения по службе, без его свободно выраженного согласия на это. Исключения из этого принципа допускаются только в случае, если перевод предусмотрен и объявлен в порядке дисциплинарного взыскания, в случае законного изменения судебной системы и в случае временного назначения для укрепления соседнего суда, причем максимальная продолжительность такого назначения должна быть строго ограничена. В Хартии говорится, что если система продвижения по службе не основана на трудовом стаже, то она строится исключительно на качествах и достоинствах, проявляемых при выполнении обязанностей, возложенных на судью, посредством объективной оценки, проводимой одним или несколькими судьями и обсуждаемой с заинтересованным судьей. Судьи должны воздерживаться от поступков, действий или высказываний, способных поколебать уверенность в их беспристрастности или независимости.

Несмотря на то, что данный международный документ не создает для России каких-либо юридических обязательств, элементы статуса, указанные в Хартии, находят свое закрепление в национально-правовой системе Российской Федерации [5, 167-172].

Однако, даже закрепляя принципы правового статуса судьи и организации судейского сообщества, принятые в правовой практике других государств, российское законодательство касательно статуса судьи и судейского сообщества, согласно мнению многих правоведов и юристов-практиков, далеко не совершенно. Налицо проблемы поспешности и не всегда оправданного изменения законодательства, нарушения межотраслевой и внутренней согласованности правовых норм, это напрямую относится и к законодательству о статусе судей и судейском сообществе. Только за период с 2008 года по 2012 год 22 законами в Закон РФ «О статусе судей в Российской Федерации» было внесено свыше 90 изменений и дополнений. На сегодня статус судьи РФ регулируется не только Конституцией РФ и Законом РФ от 26.06.1992 г. № 3132-1 «О статусе судей в Российской Федерации», положения которого изменяли около четырех десятков законов, но и шестью федеральными конституционными законами, изменявшимися в общей сложности свыше тридцатью законами, пятью федеральными законами, изменявшимися в общей сложности свыше 45 раз, рядом нормативных ведомственных актов, принятых органами судебной власти совместно и порознь (Верховным судом РФ, Высшим арбитражным судом РФ, Судебным департаментом при Верховном суде РФ), а также актами органов судейского сообщества – Советом судей РФ и Высшей квалификационной коллегией судей РФ [6, 53-57].

Подобное правотворчество касательно статуса судей и судейского сообщества, производимое на разных уровнях многими субъектами, требует наличия, во-первых, четко обозначенных целей правового регулирования статуса судьи, во-вторых, законодательного закрепления компетенции субъектов нормотворчества в сфере регулирования статуса судьи, в-третьих, определенных правовых средств обеспечения единообразия в реализации государственной политики правового регулирования и эффективных средств оперативного реагирования на искажение воли государства в указанной сфере. Несоблюдение обозначенных условий ведет к возникновению коллизий и противоречий в законодательстве в сфере регулирования статуса судьи, нарушению стабильности кадрового состава судейского корпуса, снижению уровня гарантий прав судей, их независимости и, как следствие, снижению уровня гарантий права граждан на справедливое судебное разбирательство независимым судом.

Большинство ученых правоведов, с которыми согласны и авторы, среди основных недостатков современного законодательства о правовом статусе российских судей и судейском сообществе выделяют следующие:

• отсутствие в законодательстве общего определения статуса судей;

• непризнание наличия многообразия статусов судей;

• недостаточная регламентация гарантий правового статуса судей и ответственности судей;

• неполное закрепление процедур подготовки и назначения кандидатов на должность судьи, а также их карьерного движения.

Следует отметить, что на проводившемся в 2012 году VIII Всероссийском съезде судей эти и многие другие проблемы статуса судей и судейского сообщества в Российской Федерации были вынесены на обсуждение. В частности, на съезде было установлено, что со времени, прошедшего после VII Всероссийского съезда судей, на законодательном уровне не было принято достаточно действенных мер по укреплению статуса судей. Более того, наметились отдельные тенденции к снижению материальных и социальных гарантий независимости судей, то есть произошло дальнейшее отступление от весьма важных положений, закрепленных в 1992 году в Законе Российской Федерации «О статусе судей в Российской Федерации» [7]. Наступление на статус судьи, его независимость ведет как законодательная, так и исполнительная ветви власти. На Съезде было установлено, что порядок обеспечения судей жильем, который был упразднен Федеральным законом от 22 августа 2004 года № 122-ФЗ, не был урегулирован; не было реализовано Поручение Президента РФ по результатам работы VII Всероссийского съезда судей о повышении заработной платы работников аппарата судов, текучесть кадров которых по этой причине очень велика, о чем было сказано Председателем Верховного Суда Российской Федерации В.М. Лебедевым во время своего выступления на съезде [8]. VIII Всероссийский съезд судей отметил, что отсутствуют надлежащие условия для организации медицинского обслуживания судей (в том числе пребывающих в отставке) и членов их семей, а также работников аппаратов судов. Судебная система не располагает своими лечебно-оздоровительными учреждениями, и федеральными законами о федеральном бюджете средства на эти цели не предусматриваются. Медицинское обслуживание, включая обеспечение лекарственными средствами и санаторно-курортное лечение судей, судей в отставке за счет средств федерального бюджета, предусмотренные п. 5 ст. 19 Закона о статусе судей на практике подменено осуществлением медицинского и санаторно-курортного обслуживания судей (судей в отставке) и членов их семей на условиях договора добровольного медицинского страхования через страховые компании в пределах сумм данного договора и в медицинских учреждениях, определяемых страховой компанией без соблюдения гарантий, предусмотренных п. 5 ст. 19 Закона о статусе судей. Это противоречит положениям п. 8 постановления Верховного Совета РФ от 20 мая 1993 г. № 4994-I «О некоторых вопросах, связанных с применением Закона РФ «О статусе судей в Российской Федерации», в соответствии с которыми установлено, что предусмотренные в п. 5 ст. 19 Закона о статусе судей медицинское обслуживание и санаторно-курортное лечение обеспечивают соответственно Правительство РФ, правительства республик в составе Российской Федерации, администрации краев, областей, автономной области и автономных округов, г. Москвы и Санкт-Петербурга, органы военного управления в порядке, определенном для руководителей министерств, ведомств, органов администрации и военного управления [7, 53-57].

Считаем, так же что ситуация, когда при определении объема льгот судьи длительность его профессиональной деятельности не является определяющим и решающим фактором, вряд ли можно говорить о долгосрочной и качественной работе по отправлению правосудия. По мнению авторов досудейская деятельность в области правоприменения (прокурорская, следственная и др.) должна учитываться с определенным корректирующим коэффициентом при определении льгот судье в отставке. Из существующей практики можно констатировать, что независимость судьи страдает и от отсутствия в законодательстве оценки компетенции и карьерного продвижения судьи. Создания для них системы «социальных лифтов». Это приводит к формированию негативных тенденций связанных с удовлетворением собственных амбиций «человека в судейской мантии» в области административного воздействия, корпоративизму (воздействие связей внутри группы); фаворитизму (воздействие личных связей), коррупции (воздействие материальных средств и благ) [9; 7, 44-47].

Таким образом проблемы совершенствования правового статуса судьи и проблемы судейского сообщества в России носят взаимосвязанный характер, причем первые выступают частью вторых, но имеют важный характер напрямую влияя на качество работы судебной системы России. Можно констатировать, что судейское сообщество реагирует на состояние дел в данной области, однако зачастую действия в этой области законодателя и исполнительной власти не в полной мере учитывают его мнение и даже носят не вполне согласованный характер в рамках системы разделения властей.

Литература

1. Уткин Д.В. Правовой статус судьи, осуществляющего административное правосудие: особенности и процессуальное значение на пути совершенствования административного судопроизводства // Вестник Воронежского государственного университета. – Воронеж: Изд-во Воронеж. ун-та, 2012, № 1 (12). – С. 106-122

2. Шварц О.А. Правовой статус судей. Роль судебной власти и важность обеспечения адекватного статуса судей. URL: http://www.indem.ru/ Proj/ SudRef/ prav/ PraStaSu.htm (дата обращения 05.10.2014).

3. Конвенция о защите прав человека и основных свобод измененная и дополненная Протоколом № 11. URL: http://conventions.coe.int/treaty/rus/treaties/html/005.htm (дата обращения 05.10.2014).

4. Европейская хартия о законе "О статусе судей" (Лиссабон, 10 июля 1998 г.) URL: http://base.garant.ru/2559965/.

5. Тиганов А.И. Теоретический анализ правового статуса судей: понятие, содержание, структура // Известия Юго-Западного государственного университета. Серия: История и право. – Курск: ГОУ ВПО "Юго-Западный гос. ун-т", 2012. № 2. Ч. 1. – С. 167-172.

6. Ермошин Г.Т. Проблемы совершенствования статуса судьи в контексте решений VIII всероссийского съезда судей // Вестник Нижегородского университета им. Н.И. Лобачевского, 2013, №3(2) С. 53-57.

7. Постановление VIII Всероссийского съезда судей «О состоянии судебной системы Российской Федерации и основных направлениях ее развития» от 19 декабря 2012 г. URL: http://www.ssrf.ru/page/9085/detail/ (дата обращения 05.10.2014).

8. Выступление Председателя Верховного Суда Российской Федерации В.М. Лебедева на VIII Всероссийском съезде судей. URL: http://www.ssrf.ru/page/9096/detail/ (дата обращения 05.10.2014).

9. Нешатаева Т.Н. Оценка профессиональной деятельности судьи: проблемы правового регулирования // Российское правосудие. № 11 (31). 2008.

Григорянц С.А.
к.ю.н., доцент кафедры гражданского процесса юридического факультета
РГЭУ (РИНХ)

ПОНЯТИЕ ИНСТИТУТА МЕДИАЦИИ В ОТЕЧЕСТВЕННОЙ ПРАВОВОЙ НАУКЕ

Право на медиацию в Российской Федерации до принятия Федерального закона «Об альтернативной процедуре урегулирования споров с участником посредника (процедуре медиации)»[1], было закреплено в источниках гражданского, арбитражного и уголовного права.

В целях содействия развитию партнерских деловых отношений и формированию этики делового оборота, создания правовых условий для применения в Российской Федерации альтернативной процедуры урегулирования споров с участием медиатора, гармонизации социальных отношений в России был принят Федеральный закон «Об альтернативной процедуре урегулирования споров с участником посредника (процедуре медиации)», вступивший в силу с 1 января 2011года и содержащий в себе двадцать статей.   Несмотря то что «во многих зарубежных странах медиация существует и применяется как особая форма урегулирования споров наряду и во взаимосвязи с судебным разбирательством. На сегодняшний день накоплен значительный опыт интегрированных процедур примирения при содействии посредника в правовые системы различных государств»[5] в отечественной науке эта практика остается малоизученной. В мировую практику посредничество (медиация) вошло прочно. В странах, где развита медиация, во внесудебном порядке рассматривается до 80% споров.[2]

Ц.А.Шамликашвили считает, что «как показывает зарубежный опыт, … разрешение споров с использованием медиации (посредничества) возможно там, где для этого созрели или созданы определенные предпосылки, условия». Основное условие – это готовность самих предпринимателей к использованию этой мягкой и, можно сказать, джентльменской формы разрешения споров [9]. Предпосылками к медиации он считает достаточно высокий уровень предпринимательской этики, взаимное доверие деловых партнеров друг к другу, их умение руководствоваться не только своими интересами, но и учитывать интересы партнеров, их способность вести переговоры на равной двухсторонней основе, их желание при этом использовать высококвалифицированных специалистов. Ц.А.Шамликашвили определяет медиацию как четко структурированный метод посредничества в разрешении спора, где третья сторона – посредник – медиатор сохраняет нейтральность.[9]

А.Д.Карпенко видит медиацию как интеллектуальную технологию, которая нацелена на разрешение конфликта, в прошлом элитарную, ставшую более массовой в эпоху переговорного процесса и базирующуюся на вековом опыте дипломатов.[6] О.А.Львова определяет медиацию в широком смысле слова: как умение договариваться, приходить в спорах и конфликтах к консенсусу, решению, взаимовыгодному обеим сторонам. Причем в отличие от третейского суда медиатор ничего сторонам не диктует и не указывает. Основная задача медиации не в том, чтобы определить правого и виноватого в конфликте, а в том, чтобы привести стороны к консенсусу.[8] С.И.Калашникова дает следующее определение медиации: «это один из элементов единой системы урегулирования и разрешения правовых споров, представляющий собой самостоятельный внеюрисдикционный способ урегулирования правового спора путем переговоров сторон при содействии нейтрального лица – медиатора».[5]

В.М.Корякин под медиацией понимает урегулирование возникшего спора при содействии медиатора на основе добровольного согласия сторон в целях достижения ими взаимоприемлемого решения.[7] Л.А. Воскобитова определяет медиацию либо как «основанную на законе возможность разрешать конфликты при помощи посредника наиболее приемлемым для сторон образом, влекущая заключение мирового соглашения или прекращение производства», или как «лишенную формализма возможность обсудить обстоятельства дела, высказаться о личных переживаниях, предложить варианты решений, самостоятельно выработать и принять взаимоприемлемое соглашение о решении конфликта».[3]

Медиация - это процесс совместного решения проблемы участниками конфликта, шансы которого на успех высоки в силу особых процессуальных условий и профессиональной помощи медиатора в осуществлении взаимодействия сторон на пути к урегулированию спора; это внесудебное урегулирование споров между субъектами при участии незаинтересованной стороны; один из самых неформальных способов разрешения конфликтов - процесс, в котором стороны встречаются с совместно избранным, беспристрастным, нейтральным специалистом - медиатором (посредником), который помогает вести переговоры, с целью выработки взаимоприемлемого жизнеспособного решения в условиях существующих между ними различий интересов.[4]

Основываясь на положениях Федерального закона «Об альтернативной процедуре урегулирования споров с участием посредника (процедуре медиации)», можно сделать вывод, что процедура медиации является альтернативным способом урегулирования споров с участием в качестве посредника независимого лица - медиатора, применяемая к спорам, возникающим из гражданских правоотношений, в том числе в связи с осуществлением предпринимательской и иной экономической деятельности, а также спорам, возникающим из трудовых и семейных правоотношений. Во всех перечисленных случаях речь идет об одном и том же процессе (процедуре) выработки и принятия определенного решения, сущность которого отражена в принципах посредничества. Тем не менее, единое определение медиации в настоящее время отсутствует, что в числе других факторов не способствует активному распространению и применению данного института в России.

Литература

1. Федеральный закон N 193-ФЗ «Об альтернативной процедуре урегулирования споров с участником посредника (процедуре медиации)» //Российская газета. 2010. 30 июля.

2. Большова А.К. Медиация и качество правосудия /Вестник Арбитражного суда города Москвы. -2008, № 5.

3. Воскобитова Л.А. Модельный закон субъекта РФ «О службе примирения» /Вестник восстановительного правосудия. - 2006, № 6. - с. 65 - 73.

4. Гуськова А.П. Медиация в уголовном процессе. /Российский судья. – 2009, № 2.

5. Калашникова С.И.Медиация в сфере гражданской юрисдикции. Автореферат дисс. на соискание учен. степ. канд. юрид. наук. – Екатеринбург, 2010.

6. Карпенко А.Д. Медиация – понять, принять и применять. /Человек и закон, 2008, № 10, с. 92-98.

7. Корякин И. Медиация как способ урегулирвания споров /Право в Вооруженных силах. - 2010. № 10.

8. Львова О.А. Медиация – шаг к гражданскому обществу /Российская юстиция. - 2010, № 1.

9. Шамликашвили Ц.А. Медиация как метод внесудебного разрешения споров. – М., 2006.